U0306182

农民教育培训·肉羊产业兴旺

肉羊规模化
生态养殖技术

刘 永 李莲英 周 磊 ◎ 主编

中国农业科学技术出版社

图书在版编目（CIP）数据

肉羊规模化生态养殖技术／刘永，李莲英，周磊主编 . —北京：
中国农业科学技术出版社，2019.9

ISBN 978-7-5116-4386-5

Ⅰ.①肉… Ⅱ.①刘… ②李… ③周… Ⅲ.①肉用羊–饲养管理
Ⅳ.①S826.9

中国版本图书馆 CIP 数据核字（2019）第 195182 号

责任编辑	金　迪　崔改泵	
责任校对	李向荣	

出　版　者	中国农业科学技术出版社
	北京市中关村南大街 12 号　邮编：100081
电　　话	（010）82109194（编辑室）　（010）82109702（发行部）
	（010）82109709（读者服务部）
传　　真	（010）82106625
网　　址	http://www.CASTP.cn
经　销　者	各地新华书店
印　刷　者	北京建宏印刷有限公司
开　　本	880mm×1 230mm　1/32
印　　张	5.75
字　　数	150 千字
版　　次	2019 年 9 月第 1 版　2020 年 7 月第 2 次印刷
定　　价	30.80 元

前　言

　　我国养羊业历史悠久，早在夏商时代就有养羊文字记载。近年来，随着农业生产结构的战略调整和农村经济得到全面的发展，肉羊业已成为发展农村经济的一个重要支柱产业。特别是近十多年来，我国羊业生产快速腾飞，已跨入世界生产大国行列。目前我国羊业生产快速发展，羊的饲养量、出栏量、羊肉产量均居世界第一位。

　　本书主要讲述了肉羊规模化生态养殖概述、肉羊规模化生态养殖场设计与建造、规模化生态养殖优质肉羊品种、规模化生态肉羊繁殖技术、肉羊规模化生态养殖饲养管理技术、肉羊规模化生态养殖放牧草地的管理和利用、肉羊养殖场生态环境控制技术、肉羊生态健康养殖疾病防控技术、生态健康养殖肉羊安全生产加工技术、肉羊规模化生态养殖场经营管理等方面的内容。

　　由于编者水平所限，加之时间仓促，书中不尽如人意之处在所难免，恳切希望广大读者和同行不吝指正。

编　者

目　　录

第一章　肉羊规模化生态养殖概述 ……………………………（1）

第一节　国外规模化肉羊生产发展现状 ………………………（1）

第二节　我国规模化肉羊生产现状及前景 ……………………（2）

一、肉羊生产现状 …………………………………………（2）

二、肉羊生产存在的问题 …………………………………（3）

三、我国肉羊业发展前景 …………………………………（5）

第二章　肉羊规模化生态养殖场设计与建造 …………………（8）

第一节　生态肉羊养殖场的选址与布局 ………………………（8）

一、羊场选址 ………………………………………………（8）

二、合理布局肉羊场 ………………………………………（10）

第二节　生态肉羊养殖舍的建造 ………………………………（12）

一、设计原则 ………………………………………………（12）

二、肉羊舍设计内容及基本参数 …………………………（13）

第三节　生态肉羊养殖的配套设施 ……………………………（21）

一、饲喂设备 ………………………………………………（21）

二、饮水设备 ………………………………………………（21）

三、围栏 ……………………………………………………（22）

四、干草棚和饲料储存仓库 ………………………………（22）

五、消毒设施 ………………………………………………（23）

六、药浴池 …………………………………………………（24）

七、粪便处理场和污水储水池 ……………………………（24）

八、其他附属设备 …………………………………………（25）

第三章 规模化生态养殖优质肉羊品种 ……… （26）

第一节 肉用绵羊品种 ………………… （26）

一、引进肉用绵羊 ………………… （26）

二、地方绵羊品种 ………………… （32）

第二节 肉用山羊品种 ………………… （34）

一、引进肉用山羊 ………………… （34）

二、地方山羊品种 ………………… （36）

第四章 规模化生态肉羊繁殖技术 ……… （41）

第一节 肉羊的生殖生理 ………………… （41）

一、发情和排卵 ………………… （41）

二、妊娠期 ………………… （43）

第二节 生态肉羊配种技术 ………………… （44）

一、肉羊繁殖季节 ………………… （44）

二、配种技术 ………………… （45）

第三节 肉羊繁殖管理技术 ………………… （47）

一、人工授精 ………………… （47）

二、肉羊繁殖新技术 ………………… （51）

三、提高繁殖力的措施 ………………… （55）

第四节 肉羊的杂交利用 ………………… （59）

一、肉羊杂交改良的方法 ………………… （59）

二、杂交改良应注意的问题 ………………… （61）

第五章 肉羊规模化生态养殖饲养管理技术 ……… （63）

第一节 肉羊的营养物质需要 ………………… （63）

一、肉羊饲料营养成分 ………………… （63）

二、肉羊的营养需要 ………………… （64）

第二节 生态肉羊规模化养殖饲料加工利用技术 ……… （69）

一、肉羊常用饲料种类 ………………… （69）

二、饲料及其加工调制技术 ……………………（71）

第三节　肉羊饲养标准及饲料的配制与安全使用
技术 ………………………………………（74）

一、肉羊饲养标准 ………………………………（74）

二、日粮配合 ……………………………………（75）

第六章　肉羊规模化生态养殖放牧草地的管理和
利用 …………………………………………（79）

第一节　肉羊规模化生态养殖放牧草地的利用 ………（79）

一、放牧肉羊强度的确定 ………………………（79）

二、采食饲用牧草高度的确定 …………………（80）

三、肉羊放牧期的确定 …………………………（80）

四、自由放牧技术 ………………………………（81）

五、划区轮牧技术 ………………………………（82）

第二节　肉羊规模化生态养殖放牧草地的管理 ………（83）

一、草地植被灌丛与刺灌丛的清除 ……………（83）

二、草地封育技术 ………………………………（84）

三、牧草补播技术 ………………………………（84）

四、草地有毒、有害植物防除技术 ……………（85）

五、荒地改良技术 ………………………………（86）

第三节　肉羊的放牧管理 ………………………………（87）

一、放牧饲养 ……………………………………（87）

二、放牧技术要点 ………………………………（88）

第七章　肉羊养殖场生态环境控制技术 ………………（89）

第一节　病死羊的无害化处理 …………………………（89）

一、烧煮或炼油 …………………………………（89）

二、焚烧 …………………………………………（89）

三、掩埋 …………………………………………（90）

第二节　羊场粪便的处理 ……………………………（90）

一、用作肥料 …………………………………………（90）

二、用作燃料 …………………………………………（92）

第八章　肉羊生态健康养殖疾病防控技术 ……………（93）

第一节　肉羊常见传染病的防治技术 ……………（93）

一、肉羊卫生保健 …………………………………（93）

二、肉羊场消毒 ……………………………………（97）

三、肉羊免疫 ………………………………………（102）

四、肉羊检疫和疫病控制 …………………………（105）

五、肉羊临床检查 …………………………………（108）

六、肉羊药物使用 …………………………………（116）

第二节　肉羊常见普通病的防治技术 ……………（119）

一、羔羊常见病防治 ………………………………（119）

二、常见传染病防控技术 …………………………（126）

三、肉羊常见细菌性猝死症防治技术 ……………（130）

四、结核类疾病防治技术 …………………………（134）

五、肉羊产科病防治技术 …………………………（136）

第九章　生态健康养殖肉羊安全生产加工技术 ………（146）

第一节　羊肉质量安全可追溯体系的建立 ………（146）

一、需求分析 ………………………………………（146）

二、系统的模块划分及各模块功能描述 …………（148）

第二节　肉羊的屠宰前检疫及屠宰规范 …………（149）

一、肉羊屠宰前检疫规范 …………………………（149）

二、肉羊屠宰规范 …………………………………（152）

第三节　羊肉的质量分级与安全标准 ……………（157）

一、羊肉质量分级 …………………………………（157）

二、质量检验 ………………………………………（158）

三、标志、包装、储存、运输 ……………………（158）

第十章　肉羊规模化生态养殖场经营管理 …………（162）

第一节　生态肉羊规模化养殖的生产管理 …………（162）

一、肉羊生产的管理 …………………………………（162）

二、肉羊生产的技术指标 ……………………………（165）

第二节　生态肉羊规模化养殖的经济核算 …………（167）

一、总成本及经营成本估算 …………………………（167）

二、中小规模养羊的盈利关键 ………………………（168）

参考文献 ………………………………………………（170）

第一章　肉羊规模化生态养殖概述

养羊业是一项投资小、周转快、经济效益高的产业。近年来，肉羊业已成为国内外畜牧业发展的重要组成部分。

第一节　国外规模化肉羊生产发展现状

从市场需求趋势来看，羊肉的需求量呈日益增长趋势，世界羊肉市场近20年来一直是供求两旺态势。目前，肉羊已成为世界畜牧业发展的重要组成部分，一个明显的特点是从毛用转向肉用为主。肉羊业在大洋洲、美洲、欧洲和一些非洲国家得到迅猛发展，世界羊肉生产和消费明显增长，特别是许多国家羊肉生产从数量型增长转向质量型增长，生产瘦肉量高、脂肪含量少的优质羊肉，特别是羔羊肉，并开展了相关的育种工作。

全世界羊的存栏数、羊肉产量、人均占有羊肉量逐年增加，世界羊的总屠宰量也随之增加。羊肉产量排世界前十位的分别是中国、印度、澳大利亚、巴基斯坦、新西兰、伊朗、土耳其、英国、苏丹和西班牙。所采用的主要肉羊品种为无角道赛特、萨福克、德克赛尔、德国肉用美利奴等，其共同特点是母羊性成熟早、全年发情、产羔率高，羔羊生长发育快、肉用性能好和饲料报酬高等。

在养羊业发达国家，肥羔生产已经是良种化、规模化、专业化、集约化。一些国家已将养羊业重点转到羊肉生产上，充分利用本国条件，采用高新技术、集约化的饲养方式，建立本国的羊肉生产体系。羊肉在人们肉类消费中的不断上升，不仅刺激了肉羊生产方向的变化，而且使羊肉生产向集约化、工厂化方向转变，引起了人们对多胎肉羊品种的重视。利用途径主要集中在：①培育和引进国外新的肉羊品种；②利用杂交优势培育新型肉羊品种；③实行现代化养羊方式，即集优良品种、杂交优势配套、科学繁殖饲养控制技术、疫病控制技术、环境调节、现代经营管理和社会化服务体系为一体。

第二节　我国规模化肉羊生产现状及前景

随着肉羊业生产发展，国内在研究和应用科技含量高的新技术，研究集约化肉羊生产所必需的繁殖控制技术、繁殖利用制度、饲养标准、饲料配方、育种技术、农副产品和青粗饲料加工利用技术，以及工厂化、半工厂化条件下生产肉羊的配套设施、饲养工艺和疫病防治程序等。

一、肉羊生产现状

（一）饲养集中、区域特点明显

中国肉羊业生产分布区域较广，涉及全国 31 个省（市、区），其中山羊存栏占总存栏数的 54.58%，绵羊为 45.42%。绵羊主要分布在我国的西部、东北及华北地区，产区养羊以半舍饲与放牧相结合，生产发展较快；常年存栏 500 万只以上的有新疆维吾尔自治区（全书称新疆）、内蒙古自治区（全书称内蒙古）、青海、河北、西藏自治区（全书称西藏）、甘肃、山东、山西、黑龙江等 9 省（区），合计存栏占全国肉羊存栏总数的 84.52%，为肉羊生产的主产区。

（二）品种资源丰富，种羊生产初具规模

中国肉羊品种资源丰富，有繁殖率高、生产周期短的特点。20世纪80年代以来，育种的主要目标集中在追求母羊性成熟早、全年发情、产羔率高、泌乳力强、羔羊生长发育快、饲料报酬高、肉用性能好，并注意结合羊肉与产毛性状。同时，选择体大、早熟、多胎和肉用性能好的亲本广泛开展经济杂交。据统计，我国被列入国家畜禽品种杂志的共有35个品种，其中绵羊品种有15个，如滩羊、湖羊、乌珠穆沁羊和小尾寒羊等。这些品种具有繁殖力高、肉质好、产量高以及具备板皮、羔皮、奶用等许多种专用优良性状，为全面推进我国良种优化提供了很好的种源基础。另外，我国种羊场的建设也取得了长足发展。目前，已建成规模种羊场1 000多个，担负着我国良种羊的繁育和供种工作，每年可提供种羊40多万只，为我国良种繁育体系建设和养羊业生产的发展起到了重要的推动作用。

二、肉羊生产存在的问题

（一）传统的饲养习惯制约着养殖水平的提高

目前，我国养羊业仍是以千家万户分散饲养为主，生产上管理粗放，靠天养畜，产品不能满足市场需求。屠宰上市仍然是地方原有品种的老龄残羊和去势的成年公羊，不但不能有效地形成规模，而且饲养周期长，产品质量差，疫病发生率也较高，严重制约养羊业的进一步发展。

（二）肉羊良种化程度低，生产力水平不高

我国肉羊品种改良始于20世纪70年代，尽管历代科技工作者在利用国外优良品种开展杂交改良，培育出肉羊高产品种，但时至今日，我国肉羊良种化程度依然不高，绵羊仅占全国改良总数的 38%。这就大大影响了我国养羊业的总体生产水平和产品质量，羊肉生产仍以地方品种或细毛杂种羊为主，细毛羊及半细毛羊的良种普及率也较低。

（三）草场严重退化，单位面积畜产品产值低

天然草场和草山坡仍然是我国饲养肉羊的主要放牧地。然而，多年来，许多地区单纯盲目地发展牲畜数量，掠夺式地利用天然草原，对草原重用轻养，放牧过度，长期超载，加上滥垦、乱挖和鼠、虫害的严重破坏，使天然草场退化、沙化严重，目前退化、沙化和盐碱化的草场已占全国草场面积的 1/30。由于草地的"三化"，生产力逐年降低，单位面积草地产肉量仅为世界平均水平的 1/3。草地退化严重制约我国养羊业的发展，特别是在冬春饲草严重缺乏季节，没有充足的饲草饲料进行舍饲或加强补饲，这种落后的饲养方式与规模化养羊严重不相适应是山区农民规模养羊效益不高的最主要原因之一。

（四）资金投入不足

中国有可利用草原面积 3.1 亿公顷（1 公顷 = 15 亩，1 亩 ≈ 667m²），每年提供的畜产品产值约 39 亿元，而国家每年投入草原建设的资金仅 1 亿元左右，平均每公顷几角钱。另外，我国养羊业多处于经济比较落后的山区。因此，天然草原的围栏、引水灌溉工程、退化草原的改良更新、人工草场的建设以及养羊业的配套设施等基础建设缺乏资金投入。

（五）劳动者文化水平较低

目前，在我国农村约 4.6 亿劳动力中，由于劳动者文化水平低，经过培训的技术人员很少，配种靠的是自然交配，饲养靠的是天然牧场。有技术的人不愿走向农村，这就抑制了养羊业对新技术、新成果、新信息的接纳，影响先进技术的应用。

三、我国肉羊业发展前景

近年来，我国肉羊养殖业迅速发展，前景很好。例如，山东、河南是农业大省，粮食生产的发展带动了养羊业的进步。因为羊肉鲜嫩、味美、多汁，胆固醇含量低，营养丰富，一直深受人们喜爱，是冬季滋补佳品，更加符合现代消费者的口味和营养需求，人们对肉类消费由猪肉为主逐渐转向牛羊肉，因此羊肉必将随着现代社会节奏的加快而逐渐增加在国内外消费市场的比重。

目前，我国羊肉产量仅占肉类总产量的4%左右，年人均占有量不足 2.5kg，与其他肉类相比具有较大的市场潜力可挖。由于近阶段羊毛价格持续在较低价位，而羊肉价格上扬，养羊业呈现向肉用方向发展的趋势，不少牧区将已改良的细毛羊及其杂交种羊用本地肉羊回交，以增加产肉能力，继而形成牧区扩繁、农区短期强度育肥的生产方式。

一是山羊生产重点向肉用羊和绒用羊两个方向发展。在肉用羊生产中，首先要保护好我国地方优秀的品种资源，在此基础上进行有计划的、分期分批的杂交改良，生产优质高产肉羊，保障市场供应。

二是绵羊生产将根据国家的规划，重点发展肉用品种。在大力发展肉羊数量的同时，还必须加大草场建设力度，改善草地资源环境，增加单位面积产草量，发展种草养羊配套技术的推广，改变饲养模式，提高母羊繁殖率，增加养羊经济效益。

三是引进品种改良杂交。为了加速我国肉羊业发展和科技创新，我国计划通过引进国外先进高效的肉羊生产管理技术以及成功的经验，利用引进的著名专门化肉羊品种，通过区域间合作，培育适合在我国生产的适应性强、生产性能高的肉用品种。并尝试像肉鸡和瘦肉型猪那样用进口肉羊品种和我国地方良种羊构建肉羊合成系，提高肉羊生产效率，增加羊肉产量。以近年来引进的国外肉羊品种和数量巨大的地方品种为基础，利用肉羊有利基因高效表达技术、最佳线性模型预测技术和MOET快速扩繁技术，培育专门化肉羊品系，并进行有计划的新型杂交，使进口肉羊品种的早熟、增重快、产肉多的优势和我国地方品种羊的群体大、适应性强、肉质好、抗病力强、多胎、母性好等特点相结合，充分利用牧区夏、秋草原黄金季节，商品肉羊秋末冬初出栏，使羊群的增减周期与牧草的盛衰周期同步。

四是逐渐向规模化、标准化方向转变。目前，我国正在加快实施和推进社会主义新农村建设，养羊业原有的落后的生产方式已不再适应现代化的发展需要，取而代之的是规模化、标准化的养殖方式。这就需要采取现代养殖理念，引进优良品种或培育优良配套组合，推行自繁自养的生产方式，提高养羊业的商品质量和增加养殖户的养殖效益。

五是广开草源，确保草料常年供应。一方面采用现代青贮技术，将部分植物秸秆青贮保存，保证母畜青饲料的常年供应；另一方面科学合理地将豆科或禾本科作物的秸秆微贮保存，确保冬、春季饲料的供应。

六是根据市场需求，确保肉羊适龄出栏。当前，国内外羊肉市场价格高、销路好，是农民发展规模养羊、开展肉羊生产的最佳时期，而羔羊肉则是目前和今后羊肉市场消费的主导产品，老龄羊肉越来越不受市场欢迎，因此规模羊场必须瞄准市场需求，抓住有利时期，大力生产适销对路的羔羊产品，使羊场羔羊6月龄左右体重达到30kg或更高，做到羔羊当年育肥当年出栏。因此规模羊场要千方百计采取有效措施，保证肉羊适时出栏并达到市场对羊肉的品质要求。

通过整合上述技术，可以缩短我们与国外在养羊业上的差距，而且可以充分发挥我国地方品种肉羊的资源优势和地区优势，有利于我国畜牧业结构调整，增强地区优势，加快农牧民增收和农村牧区经济均衡发展。

第二章 肉羊规模化生态养殖场设计与建造

第一节 生态肉羊养殖场的选址与布局

一、羊场选址

我国各地自然生态经济条件相差很大，羊场选址和规划建设应因地制宜。在无公害肉羊生产体系内，羊场选址应符合 NY/T 5151《无公害食品肉羊饲养兽医防疫准则》的要求。

（一）地形、地势

羊场建设用地必须遵守国家土地利用相关法规，不应占有适宜耕作土地。羊舍须建在地势较高、干燥、避风向阳、排水容易的地方，土质要坚实、干燥，相对坡度以 1%～3% 为宜，地下水位应低于 0.5 米，要远离洪水和火灾威胁，不可在低洼潮湿、山洪水道和冬季风口地建筑羊舍。目前各地城镇建设发展较快，若选址不当，新建羊场有可能被迫搬迁，从而造成重大的经济损失。因此，新建羊场选址还要考虑当地城乡建设发展的长远规划。

（二）空气、环境

羊场周围空气要清新，不能被灰尘或化学物质污染。为保证羊的福利，空气质量须符合 GB/T 18407.3《农产品安全质量无公害畜禽肉产地环境要求》（表 2-1）。羊场应处于已知污染源的上风方向，远离铁路、公路、城镇、居民区和公共场所 1 千米以上，远离垃圾处理场、化工厂、采矿场、皮革厂等污染源 3 千米以上，以满足防疫需要。

表 2-1　无公害食品产地空气中各项污染物的指标要求（标准状态）

项目	指标	
	日平均	1 小时平均
总悬浮颗粒（TSP），毫克/立方米≤	0.30	—
二氧化硫（SO_2），毫克/立方米	0.15	0.50
氮氧化物（NO_x），毫克/立方米≤	0.12	0.24
氟化物（F），微克/分立方米	3	—
铅（标准状态），微克/立方米≤	季平均 1.50	

（三）水源

为保证羊场职工生活用水和生产用水，羊场的水源供应量要充足，水质要良好，符合 GB/T 18407.3 水质要求（表 2-2）。

表 2-2　无公害食品产地畜禽养殖用水各项污染物的指标要求

项目	指标
砷，毫克/升	≤ 0.05
汞，毫克/升	≤ 0.001
铅，毫克/升	≤ 0.05
铜，毫克/升	≤ 1.0
铬（六价），毫克/升	≤ 0.05
镉，毫克/升	≤ 0.01
氰化物，毫克/升	≤ 0.05
氟化物，毫克/升	≤ 1.0
氯化物，毫克/升	≤ 250

（续表）

项目	指标
六六六，毫克/升	≤0.001
滴滴涕，毫克/升	≤0.005
总大肠菌群，个/升	≤3
pH 值	6.5~8.5

（四）交通运输

羊场必须与一条以上的主要公路直通，以利于饲料、饲草、活羊及羊产品运输。

（五）电源

羊场生产、生活都要求有可靠的供电条件。除一般照明电外，集约化羊场还应具备 10 千瓦以上的供电能力，以供饲草料加工及其他饲养管理设备的正常使用。

二、合理布局肉羊场

各种羊舍以及舍内分区（如产羔栏、人工哺育栏、教槽饲喂栏、限制性哺乳栏）和各种附属设施都应合理规划和布局，以便羊群饲养管理及保健。羊舍的规划布局要考虑当地的自然生态条件，也要与羊场的饲养管理制度相匹配。

（一）肉羊场规划原则

羊场总体设计应遵循生产区和生活区相隔离、病羊和健康羊相隔离及原料、产品、副产品、废弃物转运互不交叉的原则。人员、羊和物质运转应采取单一流向，生活区和管理区应位于生产区的上风方向，兽医室、病羊隔离区、储粪池要建在生产区的下风方向。各区最好按有序性坡度分布。有条件的大型肉羊场还应划出饲料用地，其灌溉用水、土壤环境质量均要达到 GB/T 18407.3 的相关规定。

（二）羊舍间距要求

确定羊舍间距主要考虑防疫、日照、通风、防火和节约占地面积。

1. 防疫间距要求

要求羊舍排出的有害气体、粉尘微粒和病菌不能进入相邻羊舍。若为开放式羊舍，主导风向与羊舍长轴垂直时，要求间距不小于羊舍檐高的 5 倍；当主导风向与羊舍长轴成 30°～60°时，可将间距定为檐高的 3 倍。一般同类羊舍间距以 8～10 米为宜，不同类羊舍间距以 30～50 米为宜。

2. 通风间距要求

若采取自然通风，按防疫要求设置的间距，可顺利通风排污。若采取机械通风，羊舍间距不小于羊舍檐高即可。

3. 防火间距

羊舍耐火等级不应低于砖瓦房，防火间距不小于 10 米，相当于檐高的 3 倍。

4. 采光间距要求

从舍内光线要求来看，羊舍间距不应低于檐高的 2 倍。

5. 羊舍排列和朝向布局

可将羊舍以 10 米间距依次排列成单列，一栋或两栋羊舍设一个料塔和排污池。当羊舍数目较多时，可依次排成双列，使羊舍相对集中，便于两列共用供料路线，缩短电网距离，节省管理成本。有必要时，可将羊舍布置成三列或四列式，但一般多采用单列或双列式。

羊舍朝向的选择要既有利于通风和舍温调节，又有利于整体布局和节约土地。确定朝向时，主要考虑羊舍日照与通风情况，适宜朝向应使冬季冷风渗透少，夏季通风量大而均匀，取得冬暖夏凉的效果。在我国多数北方地区，若建设单列式肉羊舍或地面饲养式羊舍，则多数地区以坐北朝南、偏东南 8°～15° 为好；新疆等地可南偏东 40° 或南偏西 30°；东北等地可坐北朝南，偏西 5° 左右。若建设双列式羊舍，则宜采取南北向排列，使两运动场分位于东面和西面，以利采光和冬季避风。

（三）场内道路和绿化带

要将运输饲料、羊和进行笼具消毒等的清洁道及出粪和运输病羊的污染道分开布置，使二者互不相通和互不交叉。若难以避免交叉，则应在交叉处设隔离带。主干道宽度应为 5.5～6.0 米中级硬化路面，承载压力要求在 25～30 吨。若有回车场时，可将主干道宽缩减为 3.5 米。除主干道外，其他一般道路可设计为 2.5～3.0 米宽的低级路面。

各种绿化植物可通过阻挡、过滤和吸附作用，减少羊场空气中的细菌含量，达到美化、净化和改善环境的功能。某些植物还能分泌抑制或杀灭微生物的物质，产生消毒和防疫效果。肉羊场绿化覆盖率应达到 30% 以上，并在场外缓冲区建 5～10 米的环境净化带。

第二节 生态肉羊养殖舍的建造

一、设计原则

肉羊场的设计应达到 GB/T 18407.3《农产品安全质量无公害畜禽肉产地环境要求》规定的环境标准。规划设计羊舍时，应遵循以下原则。

（一）符合羊的生物学特性

应充分考虑舍饲对肉羊生理习性、行为学模式带来的影响,尽量吸收自然放牧饲养模式的优点,满足羊的动物福利要求。

(二) 适应当地的气候和地理条件

羊舍能达到冬季防寒、防雪,夏季防暑、防潮、防雨,通风换气良好,为羊提供舒适的生活环境。

(三) 适合肉羊生产工艺的要求,便于饲养管理

应充分考虑降低生产成本、提高劳动生产率、设备合理应用的可能性,为各种生产机械的安装使用留足空间,提供方便。

(四) 兼顾建筑学上的经济实用性

在满足肉羊生物学特性的前提下,选用经济实用的建筑材料,尽量降低建设成本。

二、肉羊舍设计内容及基本参数

(一) 肉羊场设计内容

推广标准化羊舍建设,有利于促进养羊业向规模化、专业化、规范化、科学化方向发展。我国目前尚无适用于不同地区的肉羊场设计、建筑国家标准,可根据其他相关的标准进行羊舍设计。标准化羊舍建设内容包括羊舍(基础母羊舍、种公羊舍、育成母羊舍、羔羊舍、产羔舍)、运动场、饲喂和饮水系统、排污系统、储草棚、青贮窖、饲料加工间、沼气池建设等。

(二) 肉羊对环境的要求

1. 温度和湿度

国外早熟型肉用绵羊生长发育所需适宜温度 8～22℃ ,临界低温和高温分别为−5℃和25℃;国内粗毛羊的临界低温和

高温为−15℃和25℃；羔羊初生时适宜温度为27~30℃。冬季产羔舍最低温度不应低于10℃，其他羊舍温度应在0℃以上；夏季羊舍温度不应超过30℃。通常羊的生长发育所需适宜的相对湿度为50%~80%。

羊对极端天气很敏感，过度高温和过度低温均可影响羊的健康及生产性能，应采取措施减少极端气候对羊造成的不利影响，尽量避免热应激和冷应激。在新生羔羊、成年羊剪毛后，体况不佳，连天阴雨等情况下，羊容易感冒。因此，应提供有效的防雨设施，可通过修建棚舍、栽培灌木和树木等措施增强肉羊抵御风寒能力。为维持冬季舍内温度适宜，除必要的加热装置外，应合理设计羊舍。南向羊舍的受光面积大，接受强日照时间长，利于羊舍保温。因此，羊舍以坐北朝南为宜。据测定，自然通风的砖混结构羊舍可营造相对适宜的小气候环境，夏季白天舍内温度平均可比舍外低2.9℃左右，而冬季舍内温度可比舍外高8~10℃，舍内有害气体浓度也远低于家畜环境卫生学标准的要求。

2. 通风和换气

一般羊舍中夏季二氧化碳和氨气浓度分别以2 694毫克/立方米、18毫克/立方米（冬季分别以2 946毫克/立方米，20毫克/立方米）为限。羊舍空气中总悬浮颗粒、二氧化硫、氮氧化物、氟化物等指标参见GB/T 18407.3。成年肉用绵羊冬季和夏季通风换气参数分别要求在0.6~0.7立方米/（分钟·只）、1.1~1.4立方米/（分钟·只），育肥羔羊分别为0.3立方米/（分钟·只）、0.65立方米/（分钟·只）。一般羊舍冬季舍内风速宜在0.1~0.2米/秒，最高不过0.25米/秒。

对于封闭式羊舍来说，要具备良好的通风换气功能（机械通风、自然通风均可），以利散热、散湿、除尘、降低舍内二氧化碳和其他有害气体浓度，减少空气传播性传染病发生。通风口设置要合理，不要正对羊，造成穿堂风。可在羊舍墙壁上开设窗户或通风口（10～15厘米）来实现空气对流。

3. 光照

肉羊舍应具有适宜的光照，并和气候条件相适应，不得使肉羊长时间处于黑暗中。光照可采用自然光或人工光源。成年羊舍的采光系数以1：（10～15）为宜，羔羊舍1：（15～20），产羔舍采光系数可略低。为增大羊舍自然光的采光面积，应考虑羊舍高度、跨度和窗户大小等因素，合理设置窗户大小及位置。羊舍相对较高和窗户面积较大均有利于阳光透射入内，以提高羊舍内部温度，有利于羊群越冬，但不利于夏季消暑降温。若使用人工光照，从动物福利的角度考虑，人工光照时间应和自然光照时间大致相同。人工光照也应具有适宜的强度，以便对羊实施检查。一般舍内照明，每40立方米可安装100瓦灯泡1支即可。

4. 空间需求

羊舍设计和建设应考虑地形、气候、羊的年龄和体格大小、羊对空间和饲料的要求、劳力和管理技术等方面因素。应为羊提供充足的空间，满足羊站立、转身、躯体伸展、躺卧的空间要求，不能过度拥挤。在舍饲条件下，饲养密度过大、建筑设施不合理以及环境过于单调都会使羊的许多正常行为表现受到抑制或完全丧失，从而导致生产水平下降。

集约化饲养肉羊最小空间需求量因品种、性别、年龄、生理状态、气候条件等因素变化而变化。

每只羊所需的羊舍面积可按 $A = 0.063W^{0.64}$ 来估计。其中 A 为所需羊舍地板面积，W 为体重。

目前我国尚无统一的绵羊和山羊最小空间需求标准，各类肉羊的最小空间需求可参见表 2-3 和表 2-4。

表 2-3　各类羊所需的羊舍面积（单位：平方米）

种类	土质地面散养	开放式棚舍	土质地面舍饲	漏粪地板舍饲
繁殖母羊	1.9	0.7	1.1~1.5	0.7~0.9
带羔母羊	2.3	1.1	1.5~1.9	0.9~1.1
公羊	1.9	0.7	1.9~2.8	1.3~1.9
羔羊	1.4~1.9	0.6	0.7~0.9	0.4~0.6

表 2-4　不同体重绵羊和山羊羊舍面积及槽位宽度推荐值

体重 （千克）	羊舍面积			槽位宽度 （厘米/只）
	硬质地面 （平方米/只）	漏粪地板 （平方米/只）	散养 （平方米/只）	
母羊　35	0.8	0.7	2	35
母羊　50	1.1	0.9	2.5	40
母羊　70	1.4	1.1	3	45
羔羊	0.4~0.5	0.3~0.4		25~30
公羊	3.0	2.5		50

（三）肉羊舍建筑材科及建筑要求

1. 建筑材料

羊舍建筑材料可根据当地的资源和价格灵活选用。密闭式羊舍可为砖木结构或钢架结构。屋架结构可用木料、镀锌铁及低碳钢管等建造；墙体可以采用砖、石、水泥等建造。棚舍的承重柱可用镀锌铁管，框架结构用低碳钢管，天花板用镀锌波纹铁皮、石棉瓦等。饲槽、水槽要用钢板或铁皮，其中的承重架可用低碳圆钢材料，也可用水泥建造饲槽。围栏柱用角铁或镀锌铁管，分群栏及活动性栅栏都用镀锌铁管。油漆等要选用无铅环保性材料。

2. 地面建设

羊舍地面的设计应考虑到羊的体型和体重，要具备稳固、平整和舒适的特点，利于羊躺卧；排水良好，易于除去粪便和更换垫料，不易对羊造成伤害。若在羊舍内使用垫草，则应洁净、干燥、无毒且经常更换。使用漏缝地板的羊舍也应充分考虑上述保护性原则。

羊舍地面可用碾碎的石灰石或三合土（石灰石、碎石及黏土比例 1∶2∶4，厚度为 5~10 厘米）或砖砌地面。若用高架羊床及自动清粪装置，则需建成水泥地面。舍内地面应高出舍外地面 20~30 厘米，且向排水沟方向有相对坡度为 1%~3% 的倾斜；排水沟沟底需有 0.2%~0.5% 的相对坡度，且每隔一定距离要设 1 个深 0.5 米的沉淀坑，保持排水通畅。若为单坡式羊舍，在羊舍与运动场接触的边缘区，可建 25~50 厘米宽的水泥带，外邻 10~15 厘米宽的排水槽，这样舍内流出的水可经排水槽进入排水道。若是双坡式羊舍，水泥护裙的宽度可达 1.2~1.4 米，相对坡度可为 4%，这样有利于保持舍内清洁。

3. 羊床

羊床应具有保暖、隔热、舒适的特点。据观察，羊对各种类型羊床或地面没有明确的选择性，但剪毛后的羊只偏好质地柔软的羊床或地面。长期在塑料地板上饲养的羔羊，容易出现铜中毒症。

若进行地面饲养，可用秸秆、干草、锯末、刨花、沙土、泥炭等作为垫料。若饲养肉毛兼用型羊，不宜用锯末作垫料。刨花和花生壳等吸湿性较差（表 2-5），但仍可作垫料。不管用哪种垫料，都要适时更换，保持干燥和清洁。

集约化羊场可采用漏缝地板。漏缝地板可用宽 3.2 厘米、厚 3.6 厘米的木条（或竹条）筑成，要求缝隙宽 1.5~2.0 厘米，粪尿可从间隙漏下。漏缝地板距地面高度可为 1.5~1.8 米，也可仅为 35~50 厘米。高床便于人工清粪，而低床可采取水冲洗或自动清粪。若建造低床并配套刮板式清粪机，可降低劳动强度，减少单位羊的空间需求，营造干燥、干净、避暑清凉、防寄生虫感染的环境。此外，还可用 0.8 厘米×5.5 厘米的镀锌钢丝网制作漏粪地板。已有商品化羊用聚丙烯塑料漏缝地板，但价格较高。

表 2-5 羊圈各种垫料的吸湿性

垫料类型	吸湿率（%）*
麦秆	2.1
大麦秆	2.0
燕麦秆	2.4~2.5
干草	3.0
锯末	1.5~2.5
刨花	1.5~2.0
玉米秆	2.5
沙子	0.3
泥炭	10.0

* 单位重量干料吸收水分的重量。

4. 门窗

羊舍大门一般应高 1.8~2.0 米，宽可为 2.2~2.3 米。若是地面饲养，则门宽可达 3 米，以便拖车等机械进入。羊舍门槛应与舍内地面等高，并高于舍外运动场地面，以防止雨水倒灌。封闭式羊舍窗户一般应设计在向阳面，窗户与羊舍地面积比应为 1:(5~15)；窗户应距舍内地面 1.5 米以上，本身高度和宽度可分别为 0.5~1.0 米、1.0~1.2 米。种公羊和成年母羊可适当加大，产羔舍或育成羊舍应适当缩小。

5. 屋顶和墙壁

屋顶应视各地气候和经济条件等因素决定。在较暖的地区，冬季羊舍的顶棚可适当简陋些。而在寒冷地区建羊舍时，应注意屋顶保暖性。一般可用木头、低碳钢管、镀锌铁柱做支架，其上衬托防雨层和隔热层。防雨层可用石棉瓦、镀锌波纹铁皮、油毡等材料制作，隔热材料可用聚氨酯纤维、泡沫板、珍珠岩等。此外，还要安装雨水槽，将雨水汇入下水道排出。

羊舍墙壁必须坚固耐用、保温好、易消毒。可建成砖木结构和土木结构，常用的材料包括砖、水泥、石料、木料等。墙体厚度可为半砖（12 厘米）、一砖（24 厘米）或一砖半（36厘米）。寒冷地区墙体尽量建厚些，以增加冬季保温性能。在墙基部可设置踢脚、勒脚，高度约为 1 米，以便消毒及防止羊的损坏。同时也可将舍内墙角建成圆角形，以减少涡风区，达到保温、干燥、经久耐用的效果。

（四）羊舍类型

1. 开放式简易棚舍

开放式棚舍四面均无墙壁，开口在向阳面、单面或两面有运动场。这种羊舍适用于南方湿热地区，优点是光线充足、通风良好、造价低，夏季可作为凉棚和剪毛棚；缺点是冬季舍内较冷。若羊冬季在舍内产羔，需注意保暖和护理。开放式羊舍的跨度可为 5 米以上，檐口高度 2.2~3.0 米，长度可根据养殖规模大小而定。

2. 日光温室暖棚

塑料暖棚对我国北方羊舍内小气候改善作用很明显。据山西的试验报道，在外界日平均气温为 -7.8℃（-16.25~-1.75℃）时，半封闭式塑料暖棚内温度可比外界高 13℃左右，暖棚内最低温度一直在 0℃以上。此外，暖棚内湿度、氨气、二氧化碳、硫化氢等有害气体浓度均符合标准。成年羊增重、羔羊成活率均显著高于对照组。

该类羊舍包括半封闭式和全封闭式两种，可用塑料或玻璃钢做屋顶，是一种利用太阳能改善羊舍温热环境的有效羊舍设计，适宜于我国北方气候寒冷地区。在设计塑料日光温室暖棚时，应考虑当地冬季太阳高度角，要求塑料坡面与地面构成适宜的屋面角，最好使阳光垂直透过塑料面。华北和西北地区修建塑料暖棚时适宜的屋顶角可为 45°~60°，暖棚宜坐北向南偏东 5°~8°。东北地区塑料暖棚朝向应以北朝南偏西 5°左右为宜，屋面角可为 10°~30°。

3. 半封闭式单坡羊舍

三面有墙，前面敞开，具有跨度小、采光好、成本低的特点，适宜于温暖地区。跨度一般为 5.0~6.0 米。檐口高度可为后高 1.7~2.0 米、前高 2.2~2.5 米，屋顶斜面呈 45°。在南方温暖地区，可采用前高 3.5 米、后高 3.0 米。饲料槽可安装在两侧壁或屋中间。可在敞开面安装栅栏或建半高墙，在中间开 3 米×1.2 米的门。

提前 1 周左右进入产羔舍，产羔后再停留 1 周左右。在产羔舍内也应留出适度的空间，作为人工哺育羔羊栏。

4. 双坡双列式羊舍

该类型羊舍多为大、中型肉羊场采用，四周墙壁封闭严密，屋顶为双坡，跨度大，保温性能好，适合北方和南方地区。在温暖、潮湿大部分地区，双坡羊舍内可采用漏缝地面。双坡式羊舍跨度一般为 10~12 米，舍内走道宽 1.3~1.5 米，檐口高度 2.2~3.0 米。每间栏舍面积 4.8 米×4.5 米。每圈设一圈门：高 1.8~2.0 米，宽 2.0~2.2 米。对应每圈设一面积为 0.8 米×0.8 米的后窗；羊舍窗台距离地面 1.3~1.5 米。可在对应每间栏舍的屋脊上设一风帽。同双坡单列式羊舍，可设置专门产羔室和羔羊人工哺育栏。

5. 双坡地面饲养羊舍

双坡地面饲养羊舍与双坡双列漏缝地板羊舍一样，可为砖混结构的有窗封闭式建筑，具有跨度大、室内空间大的优点，可满足羊的行为学特点及其动物福利要求，成本相对较低，但采用地面饲养，每天需要人工清粪，所以劳动强度较大。

第三节 生态肉羊养殖的配套设施

一、饲喂设备

饲喂设备应注意卫生，保持清洁，减少污染，避免不必要的反复清洗。要有专门的料槽和草料架，避免污染和浪费。

肉羊的饲喂空间需求取决于个体大小及同时进食羊的数量。若饲喂颗粒谷实饲料和青干草，成年羊平均所占的饲槽宽度应达 30~45 厘米/只，较大羔羊为 25~35 厘米/只。若使用自动饲喂系统，则断奶前羔羊的饲槽宽度应达 4 厘米/只，断奶后羔羊为 6 厘米/只，较大羔羊为 10 厘米/只。

二、饮水设备

常用的饮水设备包括饮水槽、自动饮水乳头和饮水碗等。

（一）饮水槽

可用水泥槽或用截开的油桶作为饮水槽。槽中水温要适宜，不能过冷或过热，饮水空间要充足。一般每只羊需要 2~3 厘米的饮水槽位。若水源压力不足、进水管过细及因夏季炎热饮水量大时，可增加饮水槽位至 30 厘米/只。若羊群大于 500

只时，应增加至 31.5 厘米/只。饮水设备安置也要合理，还要避免掉落的杂物污染水体。在饮水设备周围应有排水沟或者建成水泥地面，以免水槽周围地面泥泞不堪，助长蚊蝇滋生。

（二）自动饮水系统

自动饮水系统一般由水井（或其他水源）、提水系统、供水管网和过滤器、减压阀、自动饮水装置等部分组成。可先将饮水储存在专门水塔或水罐内，经地埋 PVC 管输送到羊舍，然后改为直径 30 毫米的镀锌管（距地面 1.1 米），顺羊舍背墙，穿越隔墙，形成串联性供水管道。在管道最末端可直接安装弯头落水管或自动饮水设备。自动饮水器有鸭嘴式、碗式和乳头式等，目前普遍采用的是自动饮水碗和鸭嘴式自动饮水器。

若用饮水碗，1 只饮水碗分别可满足 40~50 只带羔母羊、50~75 只羔羊的饮水需要。而 1 只饮水乳头可满足 15~30 只羊的需要。一般要在每个圈舍内安装 2 个以上饮水碗或饮水乳头。在使用自动饮水器前，要对羊进行调教。

三、围栏

用围栏可将羊舍内大群羊按年龄、性别等分为小群，划分出产羔栏、哺乳栏、教槽饲喂栏、人工哺乳栏等不同功能单元，减少羊舍占地面积，便于饲养管理和环境保护。此外，羊舍外运动场周围也要使用围栏。围栏可用木材、铁丝网、钢管等材料制作。肉用绵羊围栏以 1.5 米较合适，肉用山羊的应高于 1.6 米。

四、干草棚和饲料储存仓库

干草棚是必需的附属设施之一，可用于储存各种青干草，以备冬天使用。干草棚数量和干草储备量多少可依据饲养模式和羊的数量而定。一般成年羊、育成羊和羔羊每只每天需要的干草量分别为 2 千克、1 千克、0.1~0.8 千克。可根据每吨苜蓿干草、禾本科干草、秸秆占用的储存空间估算需要修建干草棚的数量和大小。

饲料储存仓库可用砖或水泥块修建，也可用其他材料修建，应靠近羊舍。若从外购混合饲料，需要的仓库储存容积相对较小。若羊场自己配制饲料，需要的仓储容积大。这时还需要有配套设备，如饲料检验、称量、粉碎、搅拌设备等。注意要筛除饲料原料中的钢丝、碎玻璃等杂物，以免对羊的健康造成损害。若制作颗粒饲料，应准备专用的储存罐或其他容器。

五、消毒设施

应分别在羊场大门口、生产区入口处及羊舍门口设置消毒池和消毒间等。消毒池宜为防渗硬质水泥结构。大门口消毒池的宽度应与大门口宽度基本相等，长度为进场大型机动车车轮 1.5 周，深度为 15 厘米左右，池顶可修盖遮雨棚，池四周地面应低于池沿。池内放 2% 氢氧化钠溶液或 20% 石灰水，每周更换 1 次。

生产区大门口消毒池长、宽、深应与本场运输工具车相匹配。消毒间应开两个门，一侧通向生活管理区，一侧通向生产区。消毒间可装紫外线灯，地面应设有消毒垫或设喷淋消毒设施。一切人员皆要在此换衣，戴上鞋套，并用漫射紫外线照射 5~10 分钟，或用全自动感应喷雾消毒机喷雾消毒 5~10 秒。可设立淋浴室，供员工淋浴后换穿场内专用工作服、鞋。生产区内每栋羊舍前应设消毒垫和消毒盆。

羊场除建造消毒池和消毒间外，还应配备高压清洗机、喷雾消毒机、火焰喷射器等各种消毒专用设备。

六、药浴池

药浴池是预防和治疗羊外寄生虫病的专门设施。要合理设计好药浴池，尽量减少药物暴露时间及药液外溅对羊场环境可能带来的不利影响，保证人体和羊群安全。

(一) 药浴池设计原则

药浴池设计的主要原则有：①药浴池要建在地势较低处，远离居民生活区和人畜饮水水源。②在室内药浴容易吸入过多的蒸汽，所以药浴应在通风良好的室外进行。③药浴池与水源的距离要保持在 50 米以上，与水龙头距离在 10 米以上。④要有专门通道引导羊进入药浴池，药浴池入口要有一定坡度。⑤药浴池要防渗漏，可在药浴池周围装上挡板，高度应在操作人员腰部以上，这样可避免药液外溅。⑥在药浴池边，要有专门水管供应清洁水源，用于稀释药物或洗涤药浴池，还要考虑药液清除问题。⑦药浴池出口要有一定斜坡，使出浴羊滴落的药物回流入池内。

(二) 药浴池设计参数

我国尚无羊场药浴池修建的专门规定，可借鉴国外的先进经验进行药浴池设计。

七、粪便处理场和污水储水池

肉羊场粪污堆放储存应符合 HJ497《畜禽养殖业污染治理工程技术规范》及 NY/T 1168《畜禽粪便无害化处理技术规范》的要求。粪便处理场和污水储水池应设在生产及生活管理区常年主导风向的下风向或侧风向处，距离各类功能地表水源要在 400 米以上，应同时采取搭棚遮雨和水泥硬化等防渗漏措施。粪便堆场的地面应高出周围地面至少 30 厘米。实行种养结合的肉羊场，其粪便存储设施的总容积不得低于当地农林作物生产用肥的最大间隔时间内本肉羊场所产粪便的总量。

八、其他附属设备

除上述设备和设施外，集约化肉羊场还应配制其他设备。饲料加工设备，需要精饲料加工设备、粗饲料粉碎机等。在生产区门口内安装地磅，可方便生产资料和产品称量。有条件的羊场，可安装自动监控设备，可提高管理效率。此外，我国部分地区冬季舍内温度达不到羊的适宜温度，可提供采暖设备。供热保温设备主要用于产羔舍，以提高羔羊成活率。常用的保温取暖设备有挡风帘幕、电热风器、红外线灯、加热地板、暖气系统、太阳能采暖系统等。为节约能源和降低成本，现有肉羊场多采用自然通风方式，但在炎热地区和炎热天气，应该考虑使用通风降温设备。可选用的通风设备包括通风机、水蒸发式冷风机、喷雾降温系统。此外，还可以采用温控系统。

第三章　规模化生态养殖优质肉羊品种

羊的品种对生产有着重要的作用，品种也是养羊实现盈利的先决条件，因此，如何选择适合当地环境要求的品种，如何进行品种的选育，对养羊效益有着最为直接的影响。

第一节　肉用绵羊品种

一、引进肉用绵羊

（一）萨福克羊

【原产地】原产于英国的萨福克、诺福克等地，具有体格大、肉用体型好、早熟、生长快、胴体品质好等特点。在英国、美国等国家长期被视为终端杂交的最佳父本，但近来有逐渐被特克赛尔等品种替代的趋势。我国宁夏回族自治区（全书称宁夏）、新疆等地都有引进，适应性和杂交改良效果较好。

【外貌特征】体格大，头长耳平，鼻梁微隆，颈粗短，胸宽深，肋骨开张，背腰和臀部宽平，肌肉丰满，四肢粗壮。脸部和四肢均无被毛覆盖，呈黑色。成年羊身躯被毛呈白色，混生杂色纤维。羔羊体躯部被毛为灰色，外表美观。

【生产性能】成年公羊体重 113~159 千克，成年母羊 81~113 千克。初生羔羊、3 月龄及 6 月龄体重分别为 5.34 千克、31.52 千克、47.44 千克。0~3 月龄和 3~6 月龄平均日增重分别可达 290.00 克、176.89 克。屠宰率在 50% 以上。成年公羊剪毛量 5~6 千克，成年母羊 2.25~3.6 千克。羊毛细度 25.5~33.0 微米（48～58 支），毛长 5～8.75 厘米。产羔率为 130%~140%。

（二）白萨福克羊

【原产地】原产于澳大利亚，是由萨福克、无角道赛特、边区莱斯特羊等杂交选育而成。

【外貌特征】体型外貌特征类似于萨福克羊，体格大，肉用体型好，生长快，瘦肉率高，但全身均呈白色，被毛品质较黑头萨福克佳。

【生产性能】我国甘肃等地已引入白萨福克羊。据观察，初生羔羊、3 月龄及 6 月龄体重可达 4.90 千克、31.35 千克、49.47 千克。0~3 月龄和 3~6 月龄日增重分别可达 384.12 克、201.33 克。初生重较萨福克羊略低，但断奶后生长速度比黑头萨福克羊快，杂交改良效果也比萨福克羊略好。

（三）无角道赛特羊

【原产地】原产于澳大利亚和新西兰，继承了有角道赛特羊性成熟早、生长发育快、全年发情、耐热及适应干燥气候条件的优良特性，在注重羊毛生产及适应性要求的大洋洲很受欢迎，是肥羔生产的主要父本。我国西北等多地已引进，适应性和杂交效果良好。

【外貌特征】体格中等，无角，头部两眼连线以前区域无毛，耳中度大且向两侧平伸，颈部发育良好，胸宽深，背腰宽平，四肢健壮，后躯丰满，肉用体型好。

【生产性能】成年公羊体重 80~120 千克。成年母羊体重 65~75 千克，剪毛量 2.25~4.0 千克。羔羊初生重、3 月龄及 6 月龄重分别可达 3.95 千克、33.24 千克、48.79 千克。断奶前增重速度较快。羊毛细度27.0~33.0微米（46~58支），毛长6~10厘米。产羔率在110%~130%，是为数不多的可常年繁殖的引进肉羊品种之一。

（四）夏洛莱羊

【原产地】原产于法国，耐粗饲，耐干旱、潮湿、寒冷等各种恶劣气候条件，主要用作肥羔生产的终端父本。我国1987年引入，在东北地区适应性和杂交改良效果良好，但杂交后代有杂毛。

【外貌特征】体型大，公母羊均无角，体形呈圆筒状，被毛细短，脸部呈粉红色或灰色，头粗短，耳平伸，颈部粗壮，体躯肌肉丰满，瘦肉多，肉质好。

【生产性能】成年公羊体重110~140千克，成年母羊体重80~100千克，剪毛量3.0~3.5千克。羔羊初生重较大，6月龄公、母羔羊体重分别在48~53千克、38~43千克，但同期增重速度比不上萨福克羊和道赛特羊。羊毛细度30~31微米（56~60支），毛长6.5~7.5厘米。属季节性发情，产羔率在135%~190%，发情时间集中在9~10月。

（五）德国肉用美利奴羊

【原产地】产于德国萨克森州农区，属肉毛兼用型品种，主要特点是早熟、羔羊生长发育快、产肉量高、繁殖力强以及被毛品质好，对干旱气候条件及各种饲养管理条件都能很好地适应，可作为集约化肥羔生产的母本。

【外貌特征】全身被毛白色，体格大，公、母羊均无角，颈部无皱褶，胸深宽，背腰平直，肌肉丰满，后躯发育良好。

【生产性能】成年公羊体重120~140千克，成年母羊体重70~80千克。羔羊生长发育快，0~3月龄及3~6月龄平均日增重分别为264克、223克。杂交改良效果好，德国美利奴与小尾寒羊的杂种羔羊 3 月龄和 6 月龄体重较道赛特与小尾寒羊和萨福克与小尾寒羊的杂种羔羊分别高 9.5%~19.92%、18.25%~24.89%。德国美利奴与小尾寒羊的 F_1 代经产母羊的产羔率高达 201%。成年公羊剪毛量 7~10 千克，成年母羊剪毛量 4~5 千克，羊毛细度 24~30 微米。繁殖没有季节性，常年发情，可两年三产，产羔率 150%~250%。

（六）南非肉用美利奴羊

【原产地】是南非从引进的德国肉用美利奴羊选育成的新品种，耐粗饲，耐干旱和炎热环境。我国从澳大利亚等国引入该品种，杂交改良效果明显。

【外貌特征】该羊属于肉毛兼用型品种，公、母羊均无角，体大而宽深，胸部开阔，臀部宽广，腿部粗壮而坚实。

【生产性能】成年公羊体重 100~110 千克，成年母羊 70~80 千克。在放牧条件下，100 日龄羔羊活重平均 35 千克。在舍饲或营养充足条件下，100 日龄公羔羊活重可达 56 千克。在羔羊舍饲育肥阶段，饲料转化率可达 3.91∶1。母羊性情温驯，母性好，泌乳量高，最高日泌乳量达到 4.8 升，正常情况下可哺乳 2~3 只羔羊。南非肉用美利奴羊与小尾寒羊杂交，100 日龄断奶重可达 36.00 千克，平均日增重达 335 克。羊毛平均细度 21~23 微米（64 支），成年公羊剪毛量为 4.5~6 千克，成年母羊 4~4.5 千克。产羔率可达 150%~250%。四季发情，可常年繁殖。

（七）特克赛尔羊

【原产地】原产于荷兰的特克赛尔岛，已引入我国北京、黑龙江、新疆、宁夏、陕西和山东等地。

【外貌特征】体格大，肉用体型好，头短宽，白脸黑鼻，耳短平，头部和四肢无毛，背腰宽平，肌肉丰满，四肢坚实，蹄呈黑色。

【生产性能】成年公羊体重 90~140 千克，成年母羊体重 65~90 千克。肌肉发育良好，瘦肉率高，胴体品质好，屠宰率 54%~60%。此外，还有母性好、饲料转化率高、耐粗饲、适应各种气候条件等优点，现已成为欧洲各国主要的终端父本之一。在英国，几乎已与萨福克羊平分天下。特克赛尔羊初生羔羊重可达 5.10 千克，70 日龄内日增重 300 克，4 月龄断奶重 40 千克，6~7 月龄 50~60 千克。成年羊剪毛量为 4.5~5.0 千克，羊毛细度 23.0~27.0 微米（48~50 支），无杂色毛。可常年发情，两年三产，产羔率 150%~190%。

（八）杜泊羊

【原产地】原产于南非，分黑头杜泊羊和白头杜泊羊两型，但遗传背景和生产性能均相似。杜泊羊生长速度快，适应性好，耐粗饲，容易管理，羊肉品质佳。板皮畅销国际市场，肉被誉为"钻石级"绵羊肉。杜泊羊适应性强，抗寒耐热，抗病力强，容易饲养管理，对炎热、干燥的气候条件能很好适应。2002 年我国由南非和澳大利亚引入，是生产肥羔肉的理想终端父本。

【外貌特征】体形呈圆桶状，公、母羊无角，头呈三角形，眼距较宽，口鼻紧凑，下颌强健有力，耳长略垂。颈部中等长，肌肉丰满。肩胛宽平，胸骨中度前突。体躯长、深、宽，肩胛后略凹，其后背腰平直。臀部长宽，肌肉发达。四肢粗壮，蹄质坚实。体躯被毛均为白色。

【生产性能】成年公羊体重 93~118 千克，成年母羊体重 70~95 千克。羔羊初生重不大，但生长快，3.5~4 月龄可达 36 千克。3 月龄前增重和特克赛尔羔羊持平，但 3~6 月龄增重高于特克赛尔羊。杜泊羊杂交后代表现出明显的杂种优势，断奶前平均日增重达 318 克，超过萨福克羊杂种。剪毛量

1.5~2.1千克，被毛较短（4~7厘米），羊毛细度为33.0~34.1微米（60~64支）。在集约养殖条件下，产羔率为100%。在良好饲养管理条件下，可两年三产，产羔率150%。

（九）东佛里生羊

【原产地】原产于荷兰和德国，是目前世界最著名的乳肉兼用型绵羊品种。该品种对炎热环境适应性较差，但对温带气候条件适应性良好，适宜在我国中原农区推广应用。我国北京等地已引入。

【外貌特征】体格大，肉用体型良好，公、母羊都无角，鼻部粉红色，蹄部灰色，全身被毛白色，头、四肢下部及尾部均无毛。

【生产性能】成年公羊体重100~125千克，成年母羊85~95千克。泌乳量高，在210~230天的泌乳期内，总泌乳量为500~600升，乳脂率为5.5%~9%，乳蛋白率为5%~7.5%。羔羊生长速度快，瘦肉率高。母羊同时哺乳2~3羔的情况下，羔羊哺乳期日增重可达250克以上，最高可达330克。国外研究表明，在相同的饲养管理条件下，东佛里生羊杂种后代的初生重、60日龄及140日龄重都显著高于道赛特羊的后代。所产羊毛为优质地毯毛，剪毛量为4~5千克，毛长12~14厘米，羊毛细度35~37微米。繁殖力强，母羊常年发情，产羔率高，平均产羔率280%。该品种已被广泛应用于低繁殖力品种的改良、经济杂交以及乳用绵羊育种。

（十）芬兰兰德瑞斯羊

【原产地】属于芬兰北方短脂尾羊，是肉、毛、皮兼用型绵羊，以多胎多产、性成熟早、羔羊生长快、产毛量高、毛品质优良著称，对炎热和寒冷气候条件适应性较好。

【外貌特征】体格较大，体长中等，胸深但不宽，背腰平直，毛色多为白色，也有黑色、黑白斑等其他杂色。

【生产性能】公羊体重 68～90 千克，母羊 55～86 千克。羔羊生长快，在正常饲养管理条件下，5 月龄羔羊体重 32～35 千克。瘦肉率高，肉质鲜嫩多汁，风味好。羊毛光亮柔软，成年母羊剪毛量 1.8～3.6 千克，羊毛细度 23.5～31.0 微米（50～60 支），毛长 7.5～15 厘米。性成熟早，公羊在 4～8 月龄性成熟，母羊 12 月龄就可配种。可常年繁殖，多生 3 羔或 4 羔，最高纪录是 8 羔。母羊母性好，泌乳量高。

二、地方绵羊品种

（一）小尾寒羊

【产地与分布】分布于山东西南部，河南新乡、濮阳和开封地区，河北南部和东部等地，属肉裘兼用品种，以四季发情、繁殖力高、产肉性能较好著称，是我国经济杂交生产肥羔的最佳母本。

【外貌特征】小尾寒羊体质结实，身高腿长，鼻梁隆起，耳大下垂，公羊有螺旋形大角，母羊有小角。公羊前胸较深，背腰平直，短脂尾，尾长在飞节以上。毛色多为白色，少数在头、四肢部有黑褐斑。

【生产性能】生长发育较快，3 月龄断奶公、母羊平均体重可达 20.45 千克、18.99 千克，6 月龄公、母羊体重分别为 34～44 千克、32.32 千克，成年公、母羊分别为 94 千克、48.7 千克。每年剪毛 2 次，公、母羊年均剪毛量分别为 3.5 千克和 2.1 千克。性成熟早，母羊 5～6 月龄即可发情，公羊 7～8 月龄可配种。母羊四季发情，可一年两产或两年三产，每胎产 2 羔以上，最多可产 7 羔，产羔率平均为 270%。

（二）大尾寒羊

【产地与分布】分布于河北南部、山东西南以及河南郏县等地，属肉、脂兼用品种，具有常年发情、多胎多产、产肉性能和羊毛品质较好等特点。

【外貌特征】体质结实，头中等大，两耳较大且略垂，鼻梁隆起，公羊有螺旋形大角，母羊大多有角，颈中等长，颈肩结合良好，胸骨前突，肋骨较开张，背腰平直，尻部宽而倾斜，四肢较高，肢势端正，脂尾硕大、长垂及地。

【生产性能】成年公羊脂尾重 15~20 千克，母羊脂尾重 4~6 千克。成年公羊、母羊体重分别为 74.43 千克、51.84 千克，周岁公、母羊为 53.95 千克、44.70 千克。多数羊全身皆白，生产优质的"寒羊毛"。被毛异质，但无髓毛和两型毛占 98% 左右。成年公、母羊年污毛产量分别为 4.28 千克、2.26 千克。大尾寒羊性成熟早，母羊在 5~6 月龄初情，6~7 月龄初配，可四季发情，一般三年五产，每胎产 1~3 羔，平均产羔率 205%。

（三）湖羊

【产地与分布】产于太湖流域，分布在浙江省和江苏省的部分县及上海市郊。该品种以生产优质羔皮驰名中外，具有性成熟早、全年发情、多胎多产、生长发育较快的特点，可作为经济杂交母本。

【外貌特征】头形狭长，鼻梁隆起，眼大突出，耳大下垂，公、母羊均无角，颈细长，胸部狭窄，背平直，躯干和四肢细长，体质纤细。

【生产性能】羔羊平均体重 3.3 千克，3 月龄、6 月龄羔羊平均体重为 21.99 千克、33.76 千克。成年公、母羊平均体重分别为 52.0 千克、39.0 千克。公、母羊剪毛量分别为 2.0 千克、1.2 千克。羔羊生后 1~2 天内屠宰取羔皮称为"小湖羊皮"，皮板轻薄，毛色洁白光亮如丝，有波浪形美丽图案，在国际市场上享有盛誉，为传统出口商品。湖羊繁殖力强，母性好。母羊 4~5 月龄初情，6 月龄初配，公羊在 8 月龄性成熟。四季发情，可一年两产或两年三产，平均产羔率 229%，经产母羊日产奶量 2.0 千克左右。

（四）洼地绵羊

【产地与分布】主产于山东省北部平原黄河三角洲地域的滨州、惠民、沾化、阳信等地，是近年开发出来的优良品种，具有繁殖力高、耐粗饲、耐潮湿、肉皮兼用等特点。

【外貌特征】体质结实，头长宽，公、母羊均无角，鼻梁微隆，耳稍下垂，胸部宽深，肋骨开张良好，背腰平直，四肢较矮，后躯发达，全身被毛白色，属异质毛。

【生产性能】公、母羊初生重分别为 3.2 千克、2.8 千克，周岁体重分别为 43.65 千克、33.96 千克，成年公、母羊体重分别为 60.40 千克、40.08 千克。性成熟早，公羊一般在 5~6 月龄，母羊在 7~8 月龄即可初配。四季发情，平均产羔率 280.0%。羔羊屠宰率高，肉质鲜美。

第二节 肉用山羊品种

一、引进肉用山羊

（一）波尔山羊

【原产地】名称源于荷兰语，意为"农夫"。波尔山羊具有生长快、抗病力强、繁殖率高、屠宰率和饲料报酬高的特点，是世界上唯一经多年生产性能测验、目前最受欢迎的肉用山羊品种。

【外貌特征】体格大，公、母羊均有角，耳大下垂，头颈强健，体躯长、宽、深，前胸及前肢肌肉比较发达，肋部发育良好且完全张开，背部厚实，后臀腿部肌肉丰满，四肢结实有力。体躯被毛为白色，头、耳、颈部毛色为深红至褐红色。

【产肉性能】羔羊初生重为 3~4 千克。在集约化饲养条件下，公羊 3 月龄、12 月龄、18 月龄、25 月龄重分别可达 36.0 千克、100 千克、116 千克、140 千克，母羊 3 月龄、12 月龄、18 月龄、24 月龄重分别可达 28 千克、63 千克、74 千克、99 千克。舍饲羊日增重在 140~170 克，可超过 200 克，最高达 400 克。

【繁殖性能】公、母羊性成熟时间分别为 6 月龄、10~12 月龄。四季发情，多胎多产。母羊排卵数为 1~4 个，平均 1.7 个，产羔率可达 200% 以上，可两年三产。母羊母性好，泌乳量高。在 120~140 天的泌乳期，羊奶中乳脂率达 5.6%，固形物含量为 15.7%，乳糖含量也高于其他山羊品种，每天实际泌乳量在 1.5~2.5 千克。肉质好，胴体瘦肉率高，膻味小，多汁鲜嫩。另外，性情温驯，易于饲养管理，对各种环境条件都具有较强的适应性。

（二）努比亚山羊

【原产地】原产于埃及、苏丹及邻近国家，属肉、乳、皮兼用型山羊。欧美各国的努比亚山羊是英国引入非洲努比亚公山羊与本地母山羊杂交培育而成。我国引入的努比亚山羊多来源于美国、英国和澳大利亚等国。努比亚山羊耐热性好，但对寒冷潮湿气候适应性较差。

【外貌特征】外表清秀，具有"贵族"气质。体格较大，公、母羊无须无角，面部轮廓清晰，鼻骨隆起，为典型的"罗马鼻"。耳长宽，紧贴头部下垂。颈部较长，前胸肌肉较丰满。体躯较短，呈圆筒状，尻部较短，四肢较长。毛短细，色较杂，以带白斑的黑色、红色和暗红居多，也有纯白者。在公羊背部和股部常见短粗毛。

【生产性能】羔羊生长快，产肉多。成年公羊平均体重79.38 千克，成年母羊 61.23 千克。性情温驯，泌乳性能好，母羊乳房较大，发育良好，但比瑞士奶山羊的乳房下垂严重。泌乳期一般 5~6 个月，年产奶量一般较瑞士奶山羊低（300~800 千克），盛产期日产奶 2~3 千克，但乳脂率高（4%~7%）。可一年两产，每产 2~3 羔。四川省简阳市饲养的努比亚山羊，平均产羔率 190%。

（三）卡考山羊

【原产地】是新西兰用野化母山羊与努比亚公山羊、土根堡公山羊、莎能公山羊，经过四代的杂交选育形成的新型肉山羊品种。卡考山羊具有放牧性能好、采食能力强、增重快、繁殖力高、适应性好的特点，现已成美国杂交肉山羊生产的最重要亲本。有报道卡考山羊的窝产子数、断奶窝重、羔羊初生重、羔羊存活率等指标均高于波尔山羊。

【外貌特征】体格中等，公羊体质粗壮，有螺旋形大角，耳大平伸，头粗短，有长须，头顶、背部等处有长粗毛，肋骨开张，四肢坚实，雄性十足。母羊体质丰满，体形呈矩形，有小角，头短小，胸中等宽，背腰平直，母性好，乳房呈圆形，发育良好，可哺育 2~3 羔。毛色多为白色或乳白色。

【生产性能】产羔数接近波尔山羊，平均 1.82 只；羔羊初生重较大（平均 5.90 千克），生命力强。在放牧条件下，可达到其他任何需要补饲精料的肉用山羊能达到的增重速度，6 月龄体重可达 45 千克，成年公羊体重 45~68 千克。

二、地方山羊品种

（一）南江黄羊

【产地与分布】主要分布于四川南江县、武宁县等地，具有肉乳生产性能好、繁殖力高、板皮品质佳等特性，是农业农村部重点推广的肉用山羊品种之一。

【外貌特征】被毛黄色，公、母羊均有角，耳半垂，鼻梁两侧有对称性黄白色条纹，从头顶至尾根有黑色毛带，体质结实，胸部宽深，肋骨开张，背腰平直，四肢粗壮，蹄质坚实。

【生产性能】公、母羔羊初生重分别为 2.28 千克、2.28 千克，2 月龄断奶重分别为 11.5 千克、10.7 千克。公羔初生至 6 月龄日增重为 85~150 克，母羔为 60~110 克。成年公羊体重为 60.56 千克，成年母羊 41.2 千克，屠宰率为 47.67%。母羊性成熟早，3 月龄初情，四季发情，产羔率 200%左右。

（二）马头山羊

【产地与分布】产于湖北省的郧阳、恩施以及湖南省常德市，是生长速度较快、体型较大、肉用性能最好的地方山羊品种之一。1992 年被国际小母牛基金会推荐为亚洲首选肉用山羊，也是农业农村部重点推广的肉用山羊品种。

【外貌特征】体格较大，体质结实，结构匀称，体躯呈长方形。公、母羊均无角，颌下有髯。被毛白色，短而粗。

【生产性能】公、母羔羊初生重分别为 2.14 千克、2.04 千克，断奶体重分别为 12.49 千克、12.8 千克；成年公羊体重为 43.81 千克，成年母羊 33.7 千克。羔羊生长发育快，肥育性能好。在放牧和补饲条件下，7 月龄羯羔体重可达 23 千克，胴体重 10.5 千克，屠宰率 52.34%。母羊性成熟早，3~4 月龄初情，四季发情，产羔率 191.94%~200.33%；母性好，日产奶 1~1.5 千克。马头山羊中间性羊较多。

（三）成都麻羊

【产地与分布】原产于四川成都平原及其邻近的丘陵和低山地区，具有产肉力强、繁殖率高、板皮优质等特性，是农业农村部重点推广的肉用山羊品种之一。

【外貌特征】公羊有较大的倒八字形角，母羊有直形小角。体格中等，结构匀称，体形呈长方形，前、后躯肌肉丰满，背腰平直。被毛短，呈棕黄色。

【生产性能】公、母羔羊初生重分别为 1.78 千克、1.83 千克，断奶体重分别为 9.96 千克、10.07 千克；成年公羊体重为 43.02 千克，母羊 32.6 千克，屠宰率为 52.3%。性成熟较早，母羊初情期为 4~5 月龄，可全年发情，一年两产，平均产羔率 210%，母羊日产奶 1~1.2 千克。板皮为优质皮革原料，以质地致密、强度大、弹性好闻名。

（四）黄淮山羊

【产地与分布】分布于河南省周口、商丘地区以及毗邻的安徽和江苏部分地区，包括河南槐山羊、安徽白山羊及徐淮白山羊三大类群，具有性成熟早、板皮品质优良、四季发情、多胎多产等特性。

【外貌特征】结构匀称，部分羊有角，头形短窄，面部微凹，下颌有髯，肋骨开张，背腰平直，身体呈圆筒形，前躯较宽，后躯发达，四肢较长。白毛全白者占 91.78% 左右，其他的为杂色。

【生产性能】公、母羔羊初生重分别为 2.6 千克、2.5 千克，断奶体重分别为 7.6 千克、6.7 千克；成年公羊体重为 33.9 千克，母羊 25.7 千克，屠宰率为 49.29%。母羊 3 月龄性成熟，可全年发情，每年两产，平均产羔率为 236%。板皮具有致密、韧性大、弹力高、强度大的特点，在国际市场上久负盛名。

（五）贵州白山羊

【产地与分布】产于贵州省，具有产肉性能好、繁殖力强、板皮质量好等特性。

【外貌特征】公、母羊有角，胸深，背宽平，体躯呈圆筒形，体长，四肢短小。被毛白色为主，粗而短。

【生产性能】公、母羔羊初生重分别为1.7千克、1.6千克，断奶体重8.1千克、7.5千克；成年公羊体重为32.8千克，母羊30.8千克。成年羯羊屠宰率为58%，1岁羯羊53.3%。肉质细嫩，肌间脂肪较为丰富，膻味小。板皮拉力强而柔，纤维致密，幅面大。繁殖力强，产羔率达274%。

（六）陕南白山羊

【产地与分布】产于陕西省南部汉江两岸的安康、商洛、汉中等地，具有产肉性能良、繁殖力高、耐高温和耐高湿的特点。

【外貌特征】头短窄，鼻梁平直，竖耳，公、母羊具有倒"八"字形角，胸部发育良好，背腰长而平直，腹围大而紧凑，四肢粗壮。被毛全白，分短毛型和长毛型两类。

【生产性能】公、母羔羊初生重分别为1.66千克、1.54千克，断奶体重分别为6.8千克、6.12千克；成年公羊体重为32.97千克，母羊27.27千克，屠宰率50.38%。母羊3~4月龄性成熟，全年发情，产羔率为259%。

（七）长江三角洲白山羊

【产地】产于东海之滨的长江三角洲，主要分布在江苏省的南通、苏州、扬州、镇江以及浙江省的嘉兴、杭州、宁波、绍兴和上海市郊县。产肉性能好，繁殖率高，板皮质优，也以生产优质笔料毛著称。

【外貌特征】体格中等偏小，全身被毛白色，鼻梁平直，半垂耳，公、母羊均有角，背腰平直，肌肉丰满。

【生产性能】公、母羔羊初生重分别为1.16千克、1.09

千克，断奶体重分别为 5.71 千克、5.6 千克，成年公羊体重为 28.58 千克，母羊为 18.43 千克，1 岁和 2.5 岁山羊连皮屠宰率分别为 48.7%、51.7%。母羊初情期在 4~5 月龄，一般两年三产，产羔率为 228.5%。

（八）鲁北白山羊

【产地与分布】产于山东省北部滨州、德州、聊城、东营等平原地区，属于羔皮、肉兼用型山羊，产肉性能好，板皮优质。

【外貌特征】全身被毛白色，鼻梁平直，耳竖立，颌下有须。有角羊占 59%，无角羊占 41%。约 80% 羊颈部有肉垂，体格大，胸部宽深，背腰平直，蹄质结实。

【生产性能】公、母羊初生重分别为 1.93 千克、1.73 千克，断奶重分别为 10.15 千克、9.97 千克，成年公羊体重为 41.07 千克，母羊为 31.68 千克。母羊 3~4 月龄初情，4~5 月龄为初配期。母羊一年四季均可发情，经产母羊产羔率为 232%。

第四章 规模化生态肉羊繁殖技术

第一节 肉羊的生殖生理

羊的繁殖是指公羊与母羊通过交配、精卵细胞结合，使母羊怀孕，最后分娩产生新的一代的过程。羊的繁殖是养羊业生产中的一个最关键的环节。因为只有通过羊繁殖过程，才能增加羊群数量，进行扩大化再生产，并通过发挥优良种羊的作用，来不断提高羊群的质量，实现更大的经济效益。掌握肉羊的繁殖现象和规律，是进一步应用繁殖技术，充分发挥肉羊的繁殖潜力，提高其生产性能的重要前提条件。

一、发情和排卵

（一）初情期

母羊生长发育到一定年龄时，开始表现发情和排卵，为母羊的发情期，是性成熟的初期阶段。初情期以前，母羊的生殖道和卵巢增长较慢，不表现性活动。初情期以后，随着第一次发情和排卵，生殖器官的大小和重量迅速增长，性机能也随之发育。大多数肉羊品种3月龄左右时，公羔就追逐母羔，有爬跨动作，而母羔在此阶段也开始出现周期不正常的发情和排卵。初情期与品种、气候、营养因素有密切关系。营养良好的母羊体重增长很快，生殖器官生长发育正常，因此初情期表现较早，营养不良则使初情期延迟。

（二） 性成熟与初配年龄

性成熟是指性器官已发育完全，具有产生繁殖能力的生殖细胞和性激素。性成熟时，公羊产生精子，母羊产生成熟的卵子，如果此时将公、母羊相互交配，即使能受胎，但身体的其他系统的生长发育还未完成，故性成熟初期的母羊一般不宜配种。肉羊生长到 6 月龄左右才达到性成熟。一般母羊体重达到成年羊的 80%左右时，就可以进行第 1 次配种。初配年龄也受品种和管理条件的制约，如果草场和饲养条件较差的地区，初次配种年龄可以适当地推迟。肉羊是早熟品种，饲养管理条件好的地区，可以提前到 8~10 月龄配种。

（三） 发情与排卵

发情为母羊性成熟以后所表现出的一种具有周期性变化的生理现象。羊的发情行为表现及生殖器官的一系列变化是直观可见的，因此是发情鉴定的主要依据。

（1） 性欲和性兴奋。性欲是母羊愿意接受公羊交配的一种行为。在发情初期，母羊性欲表现不明显，以后逐渐显著。排卵以后，性欲逐渐减弱，到性欲完全消失后，母羊则又拒绝公羊接近或爬跨。

母羊发情时，表现兴奋不安、鸣叫、食欲减退、反刍和采食时间明显减少。不拒绝公羊接近或爬跨，或者主动接近公羊的爬跨交配，甚至母羊间出现相互爬跨的现象。

（2） 生殖道发生变化。外阴部充血肿大，柔软而松弛，阴道黏膜充血发红，由苍白色变为鲜红色，上皮细胞增生，前庭腺体分泌物增多，因此阴道间断地排出鸡蛋清样的黏液，初期稀薄，后期变得浑浊黏稠。子宫颈开放，子宫蠕动加强，输卵管的蠕动、分泌和上皮纤毛的波动也增加。

（3） 卵泡发育和排卵。发情时，卵巢上有卵泡发育成熟，卵泡破裂后，卵子排出。肉羊自然情况下排卵 1～2枚，但多胎品种如湖羊、小尾寒羊等可能一次会排 1～5 枚不等。

（4）发情持续期。发情持续期是指母羊每次发情的持续时间，即从开始出现发情现象到发情现象消失为止的一段时间。肉羊的发情持续期为 16～36 小时。母羊的发情持续期与品种、个体、年龄和配种季节等有密切的关系。羔羊初情期发情持续期最短，成年羊最长，繁殖季节初期发情持续期较短、中期最长。

（5）发情周期。母羊在发情期内，若未经配种，或配种但未受孕，经过一定时间就会出现再次发情。从上次发情开始到下次发情开始的时间间隔，称为发情周期。肉羊的发情周期为 14～17 天。发情周期同样受个体、饲养管理条件等因素影响。

（6）产后发情。母羊分娩后的第 1 次发情称为产后发情。一般季节性繁殖的绵羊、山羊品种，产后只有到了发情季节如春季或秋季才能发情，我国一些地方绵羊品种如小尾寒羊、湖羊等均四季发情，这对于在生产上组织密集产羔非常重要。

二、妊娠期

绵羊、山羊从开始怀孕到分娩，这一时期称为怀孕期或妊娠期。肉羊妊娠期为 142～150 天。怀孕期的长短，因品种、多胎性、营养状况等的不同而略有差异。早熟品种多半是在饲料比较丰富的条件下育成的，怀孕期较短，平均为 145 天左右；晚熟品种多在放牧条件下育成的，怀孕期较长，平均为 149 天左右。部分绵羊、山羊品种平均怀孕期如表 4-1。

表 4-1 几种绵羊、山羊品种发情周期

品种	萨福克羊	无角道赛特羊	波德代羊	小尾寒羊	马头山羊	建昌黑山羊	波尔山羊	南江黄羊
发情周期/天	147	146.72	145.62	148.29	149.68	149.13	148.2	147.94

第二节 生态肉羊配种技术

一、肉羊繁殖季节

母羊大量正常发情的季节称为羊的繁殖季节。绵羊属于短日照型繁殖动物，繁殖季节一般开始于日照开始由长变短时，结束于日照开始由短变长时。但光照并不是控制繁殖季节的唯一因素，温度、湿度、营养、管理等对繁殖季节也有一定的影响。

（一）配种季节的选择

对于能四季发情的肉羊品种，只要配种在任何季节都能繁殖。但选择配种时间首先应有利于羔羊的成活、生长发育和母羊的健康，还要根据所在地区的气候和生产技术条件来决定。如果只产冬羔；一般 7~9 月配种，12 月份至翌年 1~2 月产羔；如果产春羔，一般在 10~12 月配种，翌年 3~5 月产羔。随着集约化生产条件和生产技术的不断提高，产羔时间可以根据生产计划来安排配种时间，而不受季节限制。对肉羊而言，一般可安排一年两产或两年三产。一年两产的母羊可在 4 月配种，当年 9 月产羔；第二产于 10 月配种，翌年 3 月产羔。两年三产的母羊，第一年的 5 月配种，10 月产羔；第二年 1 月配种，6 月产羔；再于第二年 9 月配种，第三年的 2 月产羔。

如果进行胚胎移植生产，用一些国外优良品种如波德代羊、杜泊羊、萨福克羊、德克塞尔羊等作供体，最好安排母羊产羔40天以后配种。

（二）母羊适宜的配种时间

从理论上讲，配种应在排卵前几小时或十几小时进行，才能获得较高的受胎率。但是，由于排卵时间很难准确判断，事实上，一般多根据母羊发情开始的时间和发情征兆的变化来确定配种时间，同时采用人工授精重复配种技术，来提高母羊的受胎率。肉羊配种的最佳时间是发情开始后18~30小时。因这时子宫颈口开张，容易做到子宫颈内输精。通过对肉羊发情时间的观察和配种试验研究，其最佳配种时间可根据阴道流出的黏液来判定发情的早晚，黏液呈透明黏稠状即是发情开始，颜色为白色即到发情中期，如已混浊且呈不透明的黏胶状，即到了发情晚期，是配种输精的最佳时期。但一般母羊发情的开始时间很难判定。根据母羊发情晚期排卵的规律，可以采取早晚两次试情的方法挑选发情母羊。早晨选出的母羊到下午输1次精，第二天早上再重复输1次精；晚上选出的母羊到第二天早上输1次精，下午重复输1次精。

二、配种技术

肉羊的配种方法有自由交配、人工辅助交配和人工授精3种。

（一）自由交配

把公羊、母羊按一定的比例［一般1：（30~40）］混群饲养，公羊可随时与发情母羊自由交配。这是养羊业中最原始的配种方法，该法简单易行，适合小群分散的生产单位。若公羊、母羊比例适当，可获得较高的受胎率。但也存在许多缺点：如无法推测母羊的预产期，因而无法控制产羔时间，羔羊年龄大小不一，给饲养管理带来不便；公羊追逐母羊，无限制地交配，耗费精力，影响羊群抓膘；无法掌握交配情况，后代血统不明，容易造成近亲交配或早配，难以实施选配计划，并为以后的选种带来困难；种公羊利用率低；容易造成各种疾病的交叉感染。

（二）人工辅助交配

人工辅助交配是将公羊、母羊分群隔离饲养或放牧，在配种期内用试情公羊试情，把挑选出来的发情母羊与指定的公羊交配。这种交配方式不仅可以记载清楚公羊和母羊的耳号、交配日期，而且能够预测分娩期、节省公羊精力、增加受配母羊头数。但种公羊的利用率也比较低，优秀种公羊的作用有限。

（三）人工授精

人工授精是通过人为的方法，将公羊的精液输入母羊的生殖器内，使卵子受精以产生后代。用种公羊精液进行人工授精能大大增加与配母羊的数目，特别是冷冻精液的长期保存和推广应用，使精液的利用率显著提高，因此能提高优秀种公羊的利用率；人工授精所使用的精液都经过品质检查，质量优良，通过对母羊发情鉴定，可以掌握适宜的配种时机，减少空怀不孕率，提高母羊的受胎率；由于人工授精技术极大地提高了种公羊的配种能力，便于选种，使良种遗传基因的影响显著扩大，大幅度地提高后代的生产性能，加速对地方品种的改良速度；应用人工授精技术以后，只需保留极少数优秀个体，淘汰原有大量种公羊，从而可以节省饲草、饲料及管理费用，降低饲养成本，提高经济效益。人工授精避免了公羊与母羊直接接触，并有严格的技术操作规程，可以防止因交配而感染的疾病的传播。人工授精技术已成为当前我国养羊业中最常用的一项实用生物技术。

第三节 肉羊繁殖管理技术

一、人工授精

（一）公羊、母羊的准备

对参加配种的公羊至少在配种前1个月左右进行精液品质检查，保证配种工作按计划进行。开始配种以前，每只公羊至少要采精15~20次，开始每天采1次，临近配种期隔一天采精1次，每次都要进行精液品质检查，采精人员不宜经常更换。

对于参加人工授精的母羊，在配种前和配种期，要加强饲养管理，保证母羊满膘配种，单独组群，防止公羊、母羊混群。

（二）试情公羊和台羊的准备

为准确把握母羊的配种时间，在人工授精工作中，必须准备试情公羊，用试情公羊每天从待配母羊群中找出发情母羊，以便及时配种。试情公羊要求体质结实、健康无病、性欲旺盛、生产性能良好，年龄2~5岁。试情时可以使用试情布，也可以对试情公羊进行输精管结扎或阴茎移位等处理。使用试情布时，一定要捆结实，要经常检查是否脱落，以防止偷配现象。

如果使用真台羊，采精前就应选好台羊，台羊的体格应与采精公羊体格的大小相适应，且发情明显。

（三）器械的消毒

为避免感染疾病或影响精液品质，从而降低母羊受胎率，人工授精场所和供采精、授精及与精液接触的一切器械都必须经过严格的消毒。人工授精所用的器械、药品必须放在清洁的专用柜内，各种药品及配制的溶液必须贴有标签。

器械的洗涤可用洗衣粉或洗涤剂。用毛刷、试管刷、纱布等刷去残留物，并用蒸馏水反复冲洗，然后用洁净的蒸馏水冲洗2遍，用消毒干净的纱布擦干或自然干燥。在洗刷假阴道内胎和输精器时，一定要除去污垢，先用70%的酒精擦拭，待酒精挥发后，用蒸馏水冲洗2次，再用生理盐水冲洗2次。金属开膣器可先用70%的酒精棉球消毒或用0.1%的高锰酸钾溶液消毒，消毒后放在温（冷）开水中冲洗1次，再放在生理盐水中冲洗1次即可使用，也可用火焰消毒法消毒。

消毒好的器材和消毒药液要按性质、种类分别包装，防止污染并注意保温。

（四）常用溶液及酒精棉球的制备

人工授精前，必须提前配好所用溶液，做好酒精棉球。配制生理盐水（0.9%的氯化钠溶液）溶液时，先准确称量9克化学纯氯化钠粉，溶解于1000毫升的煮沸消毒过的蒸馏水中即可。70%的酒精的配制方法是在74毫升95%的酒精中加入26毫升蒸馏水。制作酒精棉球和生理盐水棉球时，将棉球做成直径2~4厘米大小圆球，放入广口玻璃瓶中，加入适量的70%酒精或生理盐水即可，棉球不宜过湿，盖好，随用随取。

（五）采精

（1）假阴道安装　采精前几分钟安装好假阴道，先放在开水中浸泡3~5分钟，然后将内胎装入外壳，并使其光面朝内，而且要求两头等长，然后将内胎一端翻套在外壳上，用同样的方法套好另一端，内胎不要出褶，不能扭转，松紧适度，两端分别套上橡皮圈固定。装好后用酒精棉球消毒，再用生理盐水棉球擦洗数次。

从灌水孔向假阴道中注入温水，水温约 50~55℃，保证采精时假阴道的温度在 40~42℃ 为宜，注水量为 150~180 毫升，约为外壳与内胎间容量的 1/2~2/3。装上气嘴，关好活塞。用清洁玻棒蘸少许灭菌凡士林均匀涂抹在内胎的前 1/3 处，也可用生理盐水棉球擦洗保持润滑。通过气门活塞吹入气体，使内胎的内表面保持三角形、合拢而不向外鼓。

（2）采精方法　先保定台羊，采精人员右手握假阴道后端，固定好集精杯（瓶），蹲在台羊右后侧，当公羊爬跨时，迅速将阴茎导入假阴道内，保持假阴道与阴茎呈一直线。当公羊用力向前一冲即为射精，此时操作人员应顺着公羊动作移下假阴道，并迅速将其竖起，打开活塞上的气嘴，放出气体，取下集精瓶，盖好后送精液处理室检查。

（3）采精后器械的清理　倒出假阴道内的温水，将假阴道、集精杯等消毒清洗，放好待用。

（六）输精

输精是在母羊发情期的适当时间，用输精器械将精液送进母羊生殖道的操作过程。输精技术是影响母羊受胎率的最主要因素之一。

（1）输精的准备工作　输精前应准备好输精器材，主要包括玻璃（或金属）输精器、开膣器、输精细管等。输精器械应用蒸气、75%酒精或置于高温干燥箱内消毒；开膣器洗净后在消毒液中消毒；输精细密可用酒精消毒。所有器械在使用前均须用稀释液冲洗 2~3 遍。

要输精的母羊均应进行发情鉴定，以确定最适的输精时间。常温或低温保存的精液，需要升温到 35℃ 左右，并再次镜检精液品质，符合要求才能用于输精。

（2）输精方法

①鲜精输精方法：母羊发情持续期很短，一般 28 小时左右，所以，当天找出的发情母羊当天就配种 1~2 次。

将母羊外阴部消毒干净，输精员右手持输精器，左手持开膣器，先将开膣器慢慢插入阴道，将待配母羊的阴道扩开，借助光源寻找子宫颈，子宫颈附近黏膜颜色较深，找到子宫颈后，把输精注射器前端插入子宫颈口内 0.5~1.0 厘米深处，注入原精液 0.05~0.1 毫升或稀释精液 0.1~0.2 毫升。

在输精过程中，如果是初配母羊，阴道狭窄，无法用开膣器进行操作时，可进行阴道输精，但要加大输精剂量。如果发现母羊有阴道炎症，必须对输精器进行消毒后才能继续为下一只母羊输精。

②冻精输精方法

a. 冷冻精液的解冻方法　颗粒冻精的解冻有干解冻和湿解冻两种方法。干解冻法是将一粒精液放入灭菌小试管中，置于 60℃ 水浴中快速融化至 1/3 颗粒大小时，迅速取出在手心轻轻搓动至全部融化。湿解冻法的操作是在电热杯 65~75℃ 的温度下解冻，先用解冻液冲洗已消毒过的试管，倒掉部分解冻液，将冻精颗粒放入试管内，每次 2 粒，轻轻摇动直至冻精颗粒融化至绿豆粒大小时，迅速取出放于手中揉搓，借助手温使其全部融化。也可在壁薄口径大的解冻管内加入 0.1 毫升医用维生素 B_{12}（加入量以能润湿管壁为原则），迅速放入 2 粒冻精后，立即将其放入 45~55℃ 的水浴中轻轻摇动，当冻精颗粒基本融解后，即转入 37℃ 的恒温水浴中，待用。

细管冻精的解冻方法一般在 38~42℃ 温度下解冻。用两步法，先用较热的水待精液融化 1/2~1/3 时转移至与室温相近的水浴中继续解冻。

安瓿型冷冻精液的解冻可在 37℃ 的水浴中解冻，也可在室温下解冻，待精液全部融化后，迅速检查其活率。

b. 冷冻精液的输精方法 用冻精解冻后输精，解冻后精子活率要求不低于 0.3，安瓶及细管型冻精解冻后精子活率要求 0.35 以上。输精次数要求 2~3 次。在确认母羊发情后，即可进行输精，一般一天输精 2 次，间隔 10~12 小时，或早晚各 1 次，需 3 次输精的可于次日早晨再输精 1 次。冻精在输卵管活动时间一般是 5~6 小时，必须把握输精时间，在输精时应注重输精部位和输精次数，采用子宫颈深部输精，深度一般达 2.5 厘米以上，效果较好，如果借助腹腔镜进行子宫内输精，产羔率会更高。输精后的所有器具及时清洗消毒，放好待用。

二、肉羊繁殖新技术

（一）诱导发情技术

依据母羊生殖生理的特点，选择实施有效的发情调控技术十分重要。

1. 孕激素+孕马血清促性腺激素（PMSG）法

繁殖季节采用甲孕酮海绵栓，非繁殖季节采用氟孕酮，剂型以阴道海绵装置。对不适宜埋栓的母羊，也可采用口服孕酮的方法。

PMSG 的注射应在撤栓前 1~2 天进行，消除因突然撤栓造成的雌激素高峰而引起排卵障碍，这种处理方案安全可靠。第 1 个情期不受胎，还会正常出现第 2、3 个情期，不至于对母羊的最终受胎造成影响。

2. 前列腺素处理法

对非繁殖季节的母羊效果较差，可用 PMSG 配合处理，以提高受胎率。这种技术方案不会对母羊下一个情期造成负面影响。

非繁殖季节或繁殖季节对母羊实施诱导发情，必须有 40 天以上的断奶间隔，哺乳会导致母羊垂体前叶促乳素分泌量增高，同时引起下丘脑"内鸦片"的分泌量增高，这两者的作用使促黄体生成素（LH）的分泌量和频率不足。

在进行诱导发情处理时，还应特别选用配套技术。配套技术包括配套的药物、统一的程序、优化人工授精技术、首次配种时间、母羊发情状况的确定、早期妊娠诊断、复配管理等。只有采用配套技术，才能保证处理效果，使该项技术发挥最大效力，为高效生产奠定基础。

（二）胚胎移植技术

胚胎移植的主要技术环节包括供体羊和受体羊的选择、受体羊同期发情处理、供体羊超数排卵处理、采集胚胎和移植胚胎。

1. 供体羊和受体羊的选择

供体羊选择健康、繁殖正常、品质优秀的成年母羊。受体羊选择不同品种或同品种的成年母羊，体质健康，繁殖正常。不同品种的受体羊，以产 1~2 胎、个体较大、泌乳性能高的较好。

2. 受体羊同期发情处理

受体羊和供体羊同时放置阴道栓，比供体羊早 0.5~1 天取栓，取栓后观察母羊发情，并做好记录。

3. 供体羊超数排卵处理

将供体羊用阴道栓放置 7~12 天，取栓前 3~4 天肌内注射促卵泡素（FSH）3~4 天，每天 2 次，总量 6~8 毫克。取栓后 1~2 天，注意观察母羊发情。发情后用优秀公羊配种或人工授精 2~3 次，间隔 8~10 小时。

4. 采集胚胎

采集胚胎时间在配后 6~7 天，多采用手术法。

（1）采胚方法　用 846 注射液 1~1.5 毫升肌内注射全身麻醉。腹下乳房前白线处切口。局部剔毛消毒，按外科程序打开腹腔，观察卵巢黄体情况。用冲胚导管由子宫角上端向子宫角尖部插入子宫角，按压气球。用注射针头由导管前端处向宫管结合部刺入子宫角，注入冲胚液（含 1% 犊牛血清的 PBS）30 毫升左右。由导管末端收集冲胚液。最后放出气泡内气体，拉出冲胚导管。用同样的方法，另一侧子宫角采胚。冲胚后，子宫角放回原处，腹腔内注入抗生素，按外科手术方法闭合腹壁。

（2）检查胚胎　将冲胚液倒入检卵皿内，在显微镜下检胚，将胚胎转入培养液（含 20% 犊牛血清的 PBS）内，进行胚胎质量评定。根据胚胎的质量将其分为 A、B、C 三级。A级和 B 级可作移植用，称作可用胚。A 级胚胎可冷冻保存。C级胚胎或未受精卵为不可用胚。

5. 移植胚胎

将 6~7 日龄供体羊胚胎移入发情后 6~7 日龄的受体羊子宫角尖端。移胚应用外科手术方法，用 846 注射液对受体羊全身麻醉，腹下乳房前白线处切口，打开腹腔，拉出有黄体侧子宫角。先用针头刺透子宫壁，后用移胚细管将胚胎移入。也可用腹腔镜分别由乳房前白线两侧插入腹腔，观察两侧卵巢黄体情况，可在有黄体侧腹腔镜插入处开一小孔，用肠钳拉出该侧子宫角，将胚胎移入子宫角尖端。子宫角放回原处，闭合腹壁。通常 1 只受体羊可移 1~3 枚胚胎。

供体羊和受体羊采胚或移胚后，可注射抗生素 1~3 天。保持圈舍干净卫生。每天用碘酒涂擦创口 1~2 次，以防感染。

观察供体羊发情，发情后可同时配种。观察受体羊发情，一个发情周期未发情者，疑视妊娠，加强饲养管理，注意保胎。

（三）母羊多胎技术

母羊的多产性是具有明显遗传特征的性状。在生产实践中，有些母羊不仅可以产双羔，甚至可以产 3 胎和 4 胎。目前，用于母羊产双羔的方法主要有 4 种：采用促性腺激素，如 PMSG 诱导母羊双胎；采用生殖免疫技术；应用胚胎移植技术；采用营养调控技术。

1. 促性腺激素

对单胎品种的母羊多采用这种方法。一般是在母羊发情周期的第 12~13 天，一次注射 PMSG 700~1 000 毫克，或用孕酮处理 12~14 天，撤栓前注射 PMSG 500 毫克以上，一次注射 HCG 200~300 毫克。在非繁殖季节，需要增加激素剂量。注射 500 毫克 PMSG 可提高每只母羊的产羔指数 0.2~0.6 只。PMSG 处理的弊端是不能控制产羔数，剂量小时，双胎效果不明显，剂量大时，则会出现相当比例的 3 胎或 4 胎，影响羔羊成活率，有时还会造成母羊卵巢囊肿。

2. 生殖免疫技术

生殖免疫技术为提高母羊多胎性提供了新的途径。该技术是以生殖技术作为抗原，给母羊进行主动免疫，刺激母体产生抗体，或在母羊发情周期中用抗体进行被动免疫，这种抗体便和母羊体内响应的内源激素发生特异性结合，显著地改变内分泌原有的平衡，使新的平衡向多产方向发展。

目前，研制的生殖免疫制剂主要有：双羔素（睾酮抗原）、双胎疫苗（类固醇抗原）、多产疫苗（抑制素抗原）及被动免疫抗血清等。这些抗原处理的方法大致相同，即首次免疫 20 天后，进行第 2 次加强免疫，二免后 20 天开始正常配种。据测定，免疫后抗原滴度可持续 1 年以上。

3. 移植 2 个胚胎

应用胚胎移植技术可给发情母羊移植两枚优良种羊的胚胎，不但能达到 1 胎双羔，还可以通过普通母羊繁殖良种后代，在生产中具有很大的经济价值。

4. 营养调控技术

营养调控技术提高母羊双羔率，主要采用配种前短期优饲，补饲维生素 E 和维生素 A 制剂、白羽扁豆、矿物质微量元素等。实践证实，这些措施可以提高母羊的繁殖率。

一般情况下，采取这种处理，在配种前的短期内使母羊活重增加 3~5 千克，可以提高母羊的双羔率 5%~10%。待配种开始后，恢复正常饲养。从经济效益上分析，不会增加生产成本，投入恰到好处。对经过生殖免疫处理的母羊于配种前 20 天补饲维生素 E 和维生素 A 合剂，可显著提高免疫处理的效果。

三、提高繁殖力的措施

羊的繁殖力是羊维持正常繁殖机能，生育后代的能力。公羊的繁殖力取决于精液的数量、质量、性欲及与母羊的交配能力；母羊的繁殖力取决于性成熟的早晚、发情表现的强弱、排卵的多少、卵子的受精能力、妊娠时间的长短、哺乳羔羊的能力等。

（一）羊的正常繁殖力指标

母羊的正常繁殖力受品种、饲养管理、生态条件的影响。绵羊大多 1 年 1 胎或 2 年 3 胎，湖羊和小尾寒羊可年产 2 胎或 2 年 3 胎。绵羊的产羔率一般单羔较多，但湖羊和小尾寒羊产双羔、三羔的比例较多。山羊一般年产 1~2 胎，每胎产羔 1~

3 只。我国几种绵羊与山羊品种的繁殖性能见表 4-1。

（二）羊繁殖力的评价

羊的繁殖力评价方法，按其生产特点和生物学特性有相同也有不同，其繁殖力的高低只能在同品种之间比较。

1. 情期受胎率

是指妊娠母羊数与配种情期数的百分率。

情期受胎率=妊娠母羊数/配种情期数×100%

2. 产羔率

是指产活羔数与参加配种母羊数的百分率。

产羔率=产活羔羊数/参加配种母羊数×100%

3. 双羔率

是指产双羔母羊数占产羔母羊总数的百分率。

双羔率=产双羔母羊数/产羔母羊总数×100%

4. 成活率

有断奶成活率和繁殖成活率两种，用以反应羔羊成活的成绩。断奶成活率=断奶成活羔羊数/产活羔羊数×100%

繁殖成活率=年内成活羔羊数/产活羔羊数×100%

5. 繁殖率

是指本年度内实繁母羊数占应繁母羊数的百分率。

繁殖率=年实繁母羊数/年应繁母羊数×100%

（三）提高繁殖率的措施

1. 加强营养，保持良好体况

母羊群在配种前 1~1.5 个月，如能在最好的放牧场地上放牧，并保证每天放牧 10 小时以上，再加上从配种前 20 天起，每天都能补饲一定量的含蛋白质、维生素和矿物质丰富的饲料，可使羊群发情整齐，多排卵，提高产羔率 10% 以上。群众说"羊满膘，多产羔"，是很有道理的。

2. 加强对种羊的选留

一是注意从 1 胎多羔的公、母羊后代中选留种羊，因为羊的多胎性具有很强的遗传性，选择的作用很大。二是对种公羊注意在不良环境条件下进行抗不育性的选择，因为在不良环境条件下更能显示和发现繁殖力低的种羊。三是母羊的年龄结构要合理，使 2~5 岁羊在繁殖母羊群中的比例达 75% 左右，1 岁羊比例在 25% 左右，及时淘汰老龄羊和不孕不育羊。

3. 适时配种

首先是选择适宜的配种季节，其次是选择配种时机。此外，应注意种公羊精液品质的季节性变化。

4. 利用外源激素和免疫技术

利用外源激素，不仅可使母羊群能够按照人们的意愿同期发情和排卵，还能使母羊多排卵，使受胎率和产羔率都得到提高（一般产羔率可提高 30%~50%）。另外，由于羊群能够按照人的安排分批集中产羔，可大大提高接羔、育羔的水平，因此羔羊的成活率也就比较高。

5. 实行羔羊早期配种

提高母羊的初配年龄，不仅对其生长发育没有坏的影响，而且可使母羊在一生中多产 1 次羔，对生产和育种十分有利。母羊早期配种，虽然会使其生长发育暂时受阻，但这种影响只是脂肪增长的减缓，对肌肉、骨骼等并未产生不利的影响。而且，早配母羊难产率低也是事实。在科学饲养管理的基础上，当母羊体重达到其成年体重的 50%~60% 时，可予以配种。

（四）高频繁育体系的应用

羊的高频繁殖体系也称为密集繁殖体系，是随着现代集约化养羊及肥羔生产而发展起来的高效生产体系。其含义是打破羊只季节繁殖特性，使羊一年四季发情配种，全年均衡产羔，使繁殖母羊每年提供最大羔羊数。其特点是最大限度地发挥母羊的生产性能，全年均衡供应羊肉上市，资金周转期缩短，提高设备利用率和劳动生产率，降低生产成本，便于进行集约化的科学管理。高频产羔体系常见的有以下4种形式，可根据当地实际情况和需要，灵活选用。

1. 一年两产体系

一年两产体系可使繁殖率提高90%~100%，在不增加羊舍设施的前提下，母羊生产力提高1倍，生产效益提高40%~50%。其核心技术是母羊发情调控、羔羊超早期断奶、早期妊娠检查。按照生产要求，制订周密的生产计划，将饲养、兽医保健、管理等融为一体，最终达到预定生产目标。年产2胎的羊，可在4月配种，当年9月产羔；第2胎在10月配种，翌年3月产羔。这就是常说的"桃花开，谷穗黄"两茬羔。但在目前情况下，即使是全年发情母羊群也难以做到，因为母羊产后需一定时间进行生理恢复。此外，饲养管理措施、营养与饲料、羔羊早期断奶需要合理解决。

2. 两年三产体系

两年三产体系是20世纪50年代后期提出的一种方法，沿用至今。要达到两年三产，母羊每8个月产羔1次。这个体系一般有固定的配种和产羔计划：如3月配种，8月产羔；11月再次配种，次年4月产羔；翌年8月配种，第3年1月产羔。羔羊一般在2个月断奶，母羊在羔羊断奶后1个月配种。为了达到全年均衡产羔、科学管理的目的，在生产中羊群可被分成8个月产羔间隔相互错开的4个组，每2个月安排1次生产。这样每隔2个月就有1批羔羊屠宰上市。如果母羊在其组内怀孕失败，2个月后与下一组一起参加配种。该体系生产效率比常规体系增加40%，且设备成本也可减少。其核心技术是母羊多胎处理、发情调控和羔羊早期断奶，强化育肥。

3. 三年五产体系

三年五产体系又称为星式产羔体系，是一种全年产羔方案。母羊妊娠期的一半是73天，正是1年的1/5。羊群可被分成3组，第1组母羊在第1期产羔，第2期配种，第4期产羔，第5期再次配种；第2组母羊在第2期产羔，第3期配种，第5期产羔，第1期再次配种；第3组母羊在第3期产羔，第4期配种，第1期产羔，第2期再次配种。如此周而复始，产羔间隔7.2个月，对于1胎产1羔的母羊，1年可获1.67个羔羊，如1胎产双羔，可获3.34个羔羊。

4. 机会产羔体系

在有利条件下，如有利年份、有利的价格时，进行一次额外的产羔。无论采用什么方式、体系进行生产，尽量不出现空怀母羊，如果有空怀母羊，即进行一次额外配种。此方式对于个体养羊者是很有效的一种快速产羔方式。

第四节 肉羊的杂交利用

一、肉羊杂交改良的方法

由于中国专门化的肉羊生产起步较晚，到目前为止，尚没有中国自己的专门化肉羊品种。除极少部分地方品种繁殖性能突出外，绝大多数地方品种不适合肉羊生产的基本要求。因而必须走杂交改良之路，利用引进的优良肉用品种提高地方品种的肉用性能，在此基础上逐步杂交育成中国自己的肉羊品系或品种。杂交方法主要有导入杂交、级进杂交和经济杂交。

（一）导入杂交

当某些缺点在本品种内的选育无法提高时可采用导入杂交的方法。导入杂交应在生产方向一致的情况下进行。改良用的种与原品种母羊杂交一次后再进行 1~2 次回交，以获得含外血 1/8~1/4 的后代，用以进行自群繁育。导入杂交在养羊业中被广泛应用，其成败在很大程度上取决于改良用品种公羊的选择和杂交中的选配及羔羊的培育条件方面。在导入杂交时，选择品种的个体很重要。因此要选择经过后裔测验和体型外貌特征良好，配种能力强的公羊，还要为杂种羊创造一定的饲养管理条件，并进行细致的选配。此外，还要加强原品种的选育工作，以保证供应好的回交种羊。

（二）级进杂交

级进杂交也称吸收杂交，改进杂交。改良用的公羊与当地母羊杂交后，从第一代杂种开始，以后各代所产母羊，每代继续用原改良品种公羊选配，到 3~5 代杂种后代生产性能基本与改良品种相似。杂交后代基本上达到目标时，杂交应停止。符合要求的杂种公母羊可以横交。

（三）经济杂交

经济杂交的目的是通过品种间的杂种优势生产商品肉羊，是利用两个品种的一代杂种提供产品而不作种用。一代杂种具有杂种优势，所以生活能力强，生长发育快，在肥羔肉生产中经济实用。经济杂交的优点在于，第一代的杂种公羔生长快，对生产商品肉有重要意义，它的第一代杂种母羊不仅可以作为肉羊，也可以作为种用提高生产性能。

杂交品种表现为生活力强，生长速度快，成熟早，适应性强，繁殖力高，饲料报酬高，产肉多，品质好，可节省饲养成本，增加收益。衡量经济杂交效果的指标是杂种优势率。国内目前采用杜泊羊与小尾寒羊杂交，取得了良好的效果。

杂种优势率的高低一方面取决于杂交亲本间的配合力，更主要取决于经济性状的遗传力。一般来说，遗传力越低的性状杂种优势率越明显。如繁殖力的遗传力一般为0.1~0.2，其杂种优势率可达15%~20%；肥育性状的遗传力在0.2~0.4，杂种优势率为10%~15%，而胴体品质性状的遗传力为0.3~0.6，杂种优势率仅为5%左右。据报道，两元轮回杂交肥羔出售时体重比双亲均值提高16.6%，三元轮回杂交比纯种均值提高32.5%。

由于经济杂交所产生的杂交后代在生活力、抗病力、繁殖力、育肥性能、胴体品质等方面均比亲本具有不同程度的提高，因而成为当今肉羊生产中所普遍采用的一项实用技术。在西欧、大洋洲、美洲等肉羊生产发达地区，用经济杂交生产肥羔肉的比率已在75%以上。利用杂种优势的表现规律和品种间的互补效应，一方面可以用来改进繁殖力、成活率和总生产力，进行更经济、更有效的生产，另一方面可通过选择来提高羔羊断奶后的生长速度和产肉性状。

二、杂交改良应注意的问题

第一，杂交后代的均匀性决定于可繁母羊的整齐度。用于繁殖的母羊尽可能来源于同一品种，并且在体形外貌和生产性能方面具有一定的相似程度。

第二，明确改良方向。根据自身羊群的现状特点及当地的自然经济条件，有针对性地选择改良品种。根据不同情况选择不同的杂交方式，应优先解决羊群所存在的最突出问题。

第三，把握杂交代数和改良程度，防止改良尤其是级进杂交退化。在产肉、繁殖和胴体品质改良的同时，要尽可能保持和稳定原有品种所具有的优良特性，实现性状改良，质量提高。

第四，杂交改良要与相应饲养管理方式配套。根据改良后代的生理和生长发育特点，采取科学的饲养管理制度，使改良后代的遗传潜力得到充分发挥，实现杂交改良的经济效果。

第五，建立杂交改良繁殖和生产性能记录，随时监测改良进度和效果。无论是级进杂交还是轮回杂交，再次使用同一品种改良时，严格避免重复使用同一个公羊或与其具有血缘关系的公羊，以防止亲缘繁殖，近交衰退。

第五章　肉羊规模化生态养殖饲养管理技术

饲料是肉羊赖以生存和生产的基础，直接关系羊肉的质量。饲料配制必须以满足肉羊生产为前提，根据肉羊生产各阶段的营养需求加以调整。

第一节　肉羊的营养物质需要

一、肉羊饲料营养成分

肉羊为了生存、繁殖后代和生产产品，必须由饲料中获取其所必需的各种元素的化合物，这些化合物称为养分，亦称为营养物质或营养素。为了合理利用饲料，科学饲养肉羊，了解饲料养分的种类与功能是非常必要的。

饲料中的化学元素，绝大部分以非单独形式存在，相互结合成复杂的有机或无机化合物。

1. 饲料概略养分

常用的饲料养分是指概略养分，或近似养分。

各种化学元素在饲料中的主要营养成分有 6 种：水分、蛋白质、脂肪、糖类、矿物质和维生素。这些营养成分除水分和一部分无机盐外，绝大多数都是有机化合物。这些有机化合物在动、植物体内进行着一系列的复杂变化，构成分子水平的生命活动，维持生物体内新陈代谢的正常进行。

2. 饲料纯养分

上述饲料概略养分都不只限于某一种特定的纯养分，而生产上有时需要测定蛋白质、氨基酸、维生素以及各种矿物质元素等纯养分。饲料中纯养分的测定已有相应的仪器和方法，如利用氨基酸自动分析仪可测定各种氨基酸的含量，利用原子吸收分光光度计可测定微量元素的含量，利用近红外光谱分析仪可一次性测定蛋白质、脂肪、纤维素、水分和灰分的含量。饲料概略养分中所含的纯养分见表 5-1。

表 5-1　饲料概略养分中所含的纯养分

概略养分			纯养分
水分			水和可能存在的挥发性物质
干物质	有机物质	粗蛋白	纯蛋白、氨基酸、硝酸盐、含氮的糖苷、糖脂质、B 族维生素
		粗脂肪	油脂、油、蜡、有机酸、固醇类、色素、脂溶性维生素
		粗纤维	纤维素、半纤维素、木质素
		无氮浸出物	单糖、双糖、淀粉、果胶、有机酸类、树脂、单宁类、色素、水溶性维生素
	无机物质	灰分	常量元素：钙、钾、镁、钠、硫、磷、氯微量元素：铁、锰、铜、钴、碘、锌、钼、硒、氟、锡

二、肉羊的营养需要

肉羊的营养需要是指肉羊在一定环境条件下，正常生长或达到理想生产成绩以及维持健康对各种营养物质种类和数量的要求。了解肉羊的营养需要是制定肉羊饲养标准、合理配制日粮的重要依据。肉羊在维持生命和生产过程中所需要的营养成分主要有能量、蛋白质、脂肪、矿物质、维生素、粗纤维、水分。

繁殖母羊的营养需要见表5-2，育成母羊妊娠前后的营养需要见表5-3，育成羊的营养需要见表5-4，羔羊的营养需要见表5-5。

表5-2 繁殖母羊的营养需要

体重（千克）	日增重（克）	干物质采食量		可消化总养分（千克）	消化能（兆焦）	代谢能（兆焦）	粗蛋白（克）	钙（克）	磷（克）	有效维生素A（国际单位）	有效维生素E（国际单位）
		千克	占体重（%）								
维持需要											
50	10	1.0	2.0	0.55	10.0	8.4	95	2.0	1.8	2 350	15
60	10	1.1	1.8	0.61	11.3	9.2	104	2.3	2.1	2 820	16
70	10	1.2	1.7	0.66	12.1	10.0	113	2.5	2.4	3 290	18
80	10	1.3	1.6	0.72	13.4	10.9	122	2.7	2.8	3 760	20
90	10	1.4	1.5	0.78	14.2	11.7	131	2.9	3.1	4 230	21
配种前2周和配种后3周（催情补饲）											
50	100	1.6	3.2	0.94	17.2	14.2	150	5.3	2.6	2 350	24
60	100	1.7	2.8	1.00	18.4	15.1	157	5.5	2.9	2 820	26
70	100	1.8	2.6	1.06	19.7	15.9	164	5.7	3.2	3 290	27
80	100	1.9	2.4	1.12	20.5	17.2	171	5.9	3.6	3 760	28
90	100	2.0	2.2	1.18	21.3	17.6	177	6.1	3.9	4 230	30
妊娠前15周（非泌乳期）											
50	30	1.2	2.4	0.67	12.6	10.0	112	2.9	2.1	4 250	18
60	30	1.3	2.2	0.72	13.4	10.9	121	3.2	2.5	5 100	20
70	30	1.4	2.0	0.77	14.2	11.7	130	3.5	2.9	5 950	21
80	30	1.5	1.9	0.82	15.1	12.6	139	3.8	3.3	6 800	22
90	30	1.6	1.8	0.87	15.9	13.4	148	4.1	3.6	7 650	24

（续表）

体重（千克）	日增重（克）	干物质采食量		可消化总养分（千克）	消化能（兆焦）	代谢能（兆焦）	粗蛋白（克）	钙（克）	磷（克）	有效维生素A（国际单位）	有效维生素E（国际单位）
		千克	占体重（%）								
妊娠最后4周（预期产羔率为130%~150%）或哺乳单羔的泌乳期后4~6周											
50	180（45）	1.6	3.2	0.94	17.2	14.2	175	5.9	4.8	4 250	24
60	180（45）	1.7	2.8	1.00	18.4	15.1	184	6.0	5.2	5 100	26
70	180（45）	1.8	2.6	1.06	19.7	15.9	193	6.2	5.6	5 950	27
80	180（45）	1.9	2.4	1.12	20.5	16.7	202	6.3	6.1	6 800	28
90	180（45）	2.0	2.2	1.18	21.3	17.6	212	6.4	6.5	7 650	30
妊娠最后4周（预期产羔率为180%~225%）											
50	225	1.7	3.4	1.10	20.1	16.7	196	6.2	3.4	4 250	26
60	225	1.8	3.0	1.17	21.3	17.6	205	6.9	4.0	5 100	27
70	225	1.9	2.7	1.24	22.6	18.4	214	7.6	4.5	5 950	28
80	225	2.0	2.5	1.30	23.8	19.7	223	8.3	5.1	6 800	30
90	225	2.1	2.3	1.37	25.1	20.9	232	8.9	5.7	7 650	32
泌乳期哺乳单羔的前6~8周或泌乳期哺乳双羔的后4~6周											
50	−25（90）	2.1	4.2	1.36	25.1	20.5	304	8.9	6.1	4 250	32
60	−25（90）	2.3	3.8	1.50	27.6	22.6	319	9.1	6.6	5 100	34
70	−25（90）	2.5	3.6	1.64	30.1	24.7	334	9.3	7.0	5 950	38
80	−25（90）	2.6	3.2	1.69	31.0	25.5	344	9.5	7.4	6 806	39
90	−25（90）	2.7	3.0	1.75	31.8	26.4	353	9.6	7.8	7 640	40
泌乳期哺乳双羔的前6~8周											
50	−60	2.4	4.8	1.56	28.9	23.4	389	10.5	7.3	5 060	36
60	−60	2.6	4.3	1.69	31.0	25.5	405	10.7	7.7	6 000	39
70	−60	2.8	4.0	1.82	33.5	27.6	420	11.0	8.1	7 006	42
80	−60	3.0	3.8	1.95	36.0	29.3	435	11.2	8.6	8 060	45
90	−60	3.2	3.6	2.08	38.5	31.4	450	11.4	9.0	9 060	48

表 5-3 育成母羊妊娠前后的营养需要

体重（千克）	日增重（克）	干物质采食量		可消化总养分（千克）	消化能（兆焦）	代谢能（兆焦）	粗蛋白（克）	钙（克）	磷（克）	有效维生素A（国际单位）	有效维生素E（国际单位）
		千克	占体重（%）								
妊娠前 15 周（非泌乳期）											
40	160	1.4	3.5	0.83	15.1	12.6	156	5.5	3.0	1 880	21
50	135	1.5	3.0	0.88	16.3	13.4	159	5.2	3.1	2 350	22
60	135	1.6	2.7	0.94	17.2	14.2	161	5.5	3.4	2 820	24
70	125	1.7	2.4	1.06	18.4	15.1	164	5.5	3.7	3 290	26
妊娠最后 4 周（预期产羔率为 100%~120%）											
40	180	1.5	3.8	0.94	17.2	14.2	187	6.4	3.1	3 400	22
50	160	1.6	3.2	1.06	18.4	15.1	189	6.3	3.4	4 250	24
60	160	1.7	2.8	1.07	19.7	16.3	192	6.6	3.8	5 100	26
70	150	1.8	2.6	1.14	20.9	17.2	194	6.8	4.2	5 950	27
妊娠最后 4 周（预期产羔率为 130%~175%）											
40	225	1.5	3.8	0.99	18.4	15.1	202	7.4	3.5	3 400	22
50	225	1.6	3.2	1.06	19.7	15.9	204	7.8	3.7	4 250	24
60	225	1.7	2.8	1.12	20.5	16.7	207	8.1	4.3	5 100	26
70	215	1.8	2.6	1.14	20.9	17.2	210	8.2	4.7	5 950	27
泌乳期哺乳单羔的前 6~8 周（8 周断奶）											
40	-50	1.7	4.2	1.12	20.5	16.7	257	6.0	4.3	3 400	26
50	-50	2.1	4.2	1.39	25.5	20.9	282	6.5	4.2	4 250	32
60	-50	2.3	3.8	1.52	28.0	23.0	295	6.8	5.1	5 100	34
70	-50	2.5	3.6	1.65	30.5	25.1	301	7.1	5.6	5 450	38
泌乳期哺乳双羔的前 6~8 周（8 周断奶）											
40	-100	2.1	5.2	1.45	26.8	21.8	306	8.4	5.6	4 060	32
50	-100	2.3	4.6	1.59	29.3	23.8	321	8.7	6.0	5 060	34
60	-100	2.5	4.2	1.72	31.8	25.9	336	9.0	6.4	6 060	38
70	-100	2.7	3.9	1.85	33.9	27.6	351	9.3	6.9	7 060	40

表 5-4 育成羊的营养需要

育成母羊											
30	227	1.2	4.0	0.78	14.2	11.7	185	6.4	2.6	1 410	18
40	182	1.4	3.5	0.91	16.7	13.8	176	5.9	2.6	1 880	21
50	120	1.5	3.0	0.88	16.3	13.4	136	4.8	2.4	2 350	22
60	100	1.5	2.5	0.88	16.3	13.4	134	4.5	2.5	2 820	22
70	100	1.5	2.1	0.88	16.3	13.4	132	4.6	2.8	3 290	22
育成公羊											
40	330	1.8	4.5	1.10	20.9	17.2	243	7.8	3.7	1 880	24
60	320	2.4	4.0	1.50	28.0	23.0	264	8.4	4.2	2 820	26
80	290	2.8	3.5	1.80	32.6	26.8	268	8.5	4.6	3 760	28
100	250	3.0	3.0	1.90	35.1	28.9	264	8.2	4.8	4 700	30

表 5-5 羔羊的营养需要

体重（千克）	日增重（克）	干物质采食量		可消化总养分（千克）	消化能（兆焦）	代谢能（兆焦）	粗蛋白（克）	钙（克）	磷（克）	有效维生素A（国际单位）	有效维生素E（国际单位）
		千克	占体重（%）								
肥育羔羊（4~7月龄）											
30	295	1.3	4.3	0.94	17.2	14.2	191	6.6	3.2	1 410	20
40	275	1.6	4.0	1.22	22.6	18.4	185	6.6	3.3	1 880	24
50	205	1.6	3.2	1.23	22.6	18.4	160	5.6	3.0	2 350	24
早期断奶羔羊（中等生长潜力）											
10	200	0.5	5.0	0.40	7.5	5.9	127	4.0	1.9	470	10
20	250	1.0	5.0	0.80	14.6	12.1	167	5.4	2.5	940	20
30	300	1.3	4.3	1.00	18.4	15.1	191	6.7	3.2	1 410	20
40	345	1.5	4.3	1.16	21.3	17.6	202	7.7	3.9	1 880	22
50	300	1.5	3.0	1.16	21.3	17.6	181	7.0	3.8	2 350	22

（续表）

体重（千克）	日增重克	干物质采食量		可消化总养分（千克）	消化能（兆焦）	代谢能（兆焦）	粗蛋白（克）	钙（克）	磷（克）	有效维生素A（国际单位）	有效维生素E（国际单位）
		千克	占体重（%）								
早期断奶羔羊（快速生长潜力）											
10	250	0.6	6.0	0.48	8.8	7.1	157	4.9	2.2	470	12
20	300	1.2	6.0	0.92	16.7	13.8	205	6.5	2.9	940	24
30	325	1.4	4.7	1.10	20.1	16.7	216	7.2	3.4	1 410	21
40	400	1.5	3.8	1.14	20.9	17.2	234	8.6	4.3	1 880	22
50	425	1.7	3.4	1.29	23.8	19.7	240	9.4	4.8	2 350	25
60	350	1.7	2.8	1.29	23.8	19.7	240	8.2	4.5	2 820	25

第二节　生态肉羊规模化养殖饲料加工利用技术

一、肉羊常用饲料种类

肉羊饲料的种类很多，但任何一种饲料都存在营养上的特殊性和局限性，要饲养好肉羊必须进行多种饲料的科学搭配。要合理利用各种饲料，首先要了解饲料的科学分类，熟悉各类饲料的营养价值和利用特性。而分类方法各地也有所不同，为了便于养殖者应用，将肉羊的饲料分为青绿多汁饲料、粗饲料、能量饲料、蛋白质饲料、矿物质饲料和饲料添加剂6大类。

（一）青绿多汁饲料

青绿多汁饲料包括天然水分含量在45%以上的新鲜野生杂草、栽培牧草、青刈饲料、草地牧草、树叶类、蔬菜、水生植物，未完全成熟的谷物植株和非淀粉质的块根、块茎、瓜果类等，统称为青饲料。块根、块茎、瓜果类为多汁饲料，其他为青绿饲料。青绿多汁饲料的共同特点是养分比较丰富，适口性好，易于消化，饲料利用率高，生产成本低和单位面积营养物质产量高。缺点是水分含量高、干物质含量少、体积大。

（二）粗饲料

干粗饲料是指天然水分含量在45%以下，干物质中粗纤维含量在18%以上的一类饲料，包括青干草、农作物的秸秆、荚壳、各种干草、干树叶及其他农副产品。其特点是体积大、重量轻，养分浓度低，但蛋白质含量差异大，总能含量高，消化能低，维生素D含量丰富，其他维生素较少，含磷较少，粗纤维含量高，较难消化。

在粮食主产区，利用先进技术将农作物秸秆及加工副产品加工处理后，适口性和营养价值提高，是重要粗饲料来源。通常，质地粗硬的秸秆或藤蔓可用揉草机揉软、切短后饲喂，或用粉碎机粉碎后拌精饲料制成微储料。玉米秸、谷草、稻草、麦秸、豆秸及荚壳饲喂时最好经粉碎后与其他精饲料混合制成颗粒料饲喂。

（三）能量饲料

能量饲料是指饲料干物质中粗纤维含量低于18%，粗蛋白含量小于20%，消化能含量在10.5兆焦/千克以上的一类饲料，包括谷实类、糠麸类等。这类饲料的基本特点是体积小、可消化养分含量高，但养分组成较偏，如籽实类能量价值较高，但蛋白质含量不高。含粗脂肪7.5%左右，且主要为不饱和脂肪酸。含钙不足，一般低于 0.1%。磷较多，可达 0.3% ~ 0.45%，但多为植酸盐，不易被消化吸收。另外，缺乏胡萝卜素，但 B 族维生素比较丰富。这类饲料适口性好，消化率高，在肉羊饲养中占有极其重要的地位。

（四）蛋白质饲料

蛋白质饲料是指干物质中粗纤维含量在 18% 以下，粗蛋白含量在 20% 以上的一类饲料。它是肉羊日粮中蛋白质的主要来源，其在日粮中所占比例为 10% ~ 20%。包括植物性蛋白质饲料和单细胞蛋白质饲料。

（五）矿物质饲料

矿物质饲料包括食盐、石粉、贝壳粉、蛋壳粉、石膏、硫酸钙、磷酸氢钠、磷酸氢钙、骨粉、混合矿物质补充饲料等。加喂矿物质饲料是为了补充饲料中的钙、磷、钠和氯等的不足。这类饲料的补喂量一般占精饲料量的 3% 左右，食盐最好让羊自由舔食。

（六）饲料添加剂

饲料添加剂是指在配合饲料中加入的各种微量成分，其作用是完善饲料的营养成分、提高饲料的利用率，促进肉羊生长和预防疾病，减少饲料在储存期间的营养损失、改善产品品质。常用的有补充饲料营养成分的添加剂，如氨基酸、矿物质和维生素；促进饲料的利用和具有保健作用的添加剂，如生长促进剂、驱虫剂和助消化剂等；防止饲料品质降低的添加剂，如抗氧化剂、防霉剂、黏结剂和增味剂等。

二、饲料及其加工调制技术

肉羊的主要粗饲料包括青干草、稻草、谷草、玉米秸、豆秸、花生秧等。这些农副产品如果直接用来饲喂肉羊，其利用率很低，适口性极差。为了改善上述粗饲料品性，国内外普遍采用对粗饲料加工与调制，提高其饲用价值。

（一）青干草调制

1. 青干草收储与调制

包括牧草的适时刈割、干燥、储藏和加工等几个环节，其干燥方法不同，牧草营养成分有很大的差异。在生产中，常用的方法有自然干燥和人工干燥法。豆科牧草在初花期至盛花期刈割，禾本科牧草在抽穗期刈割。刈割青草应通过自然干燥或人工干燥使之在较短的时间内水分快速降至17%以下，营养物质得到较好保存。青干草切成2~3厘米后喂羊或打成草粉拌入配合饲料中饲喂。

（1）自然干燥　利用日晒、自然风干来调制干草。应根据不同地区的气候特点，采用不同的方法。

①田间干燥法适合中国北方夏、秋季雨水较少的地区。牧草刈割后，原地平铺或堆成小堆进行晾晒，根据当地气候和青草含水状况，每隔数小时，适当翻动，加速水分蒸发。当水分降至50%以下时，再将牧草集成高0.5~1米的小堆，任其自然风干，晴好天气可以倒堆翻晒。晒制过程中要尽可能避免雨水淋湿，否则会降低干草的品质。

②架上晒草法在南方地区或夏、秋雨水较多时，宜用草架晒草。草架的搭建可因地制宜，因陋就简。如用木椽或铁丝搭制成独木架、棚架、锥形架、长形架等。刈割后的青草，自上而下放置在干草架上，厚70~80厘米，离地20~30厘米，保持蓬松并有一定的斜度，以利采光和排水，并保持四周通风良好，草架上端应有防雨设施（如简易的棚顶等）。风干时间1~3周。

（2）人工干燥　利用加热、通风的方法调制干草。其优点是干燥时间短，养分损失小，可调制出优质的青干草，也可进行大规模工厂化生产，但其设备投资和能耗较高，国外应用较多，而中国应用较少。主要有以下3种方法：

①常温通风干燥法 在修建的草库内，利用高速风力来干燥牧草。设备简单，可采用一般风机或加热风机，草库的大小可根据干草生产量的大小来设计。

②低温烘干法 用浅箱式或传送带式干燥机烘干牧草，适合于小型农场。干燥温度为 50~150℃，时间为几分钟至数小时。

③高温快速干燥法 目前国外采用较多的是转鼓气流式干燥机。将牧草切碎（2~3 厘米）后经传送机进入烘干滚筒，经短时（数分甚至数秒）烘烤，使水分降至 10%~12%，再由传输系统送至储藏室内。这种方法对牧草养分的保护率可达 90%~95%，但设备昂贵，只适于工厂化草粉生产。

2. 干草品质的评定

优质干草色泽青绿、气味芳香，植株完整且含叶量高，泥沙少，无杂质、霉烂和变质，水分含量在 15% 以下。青干草按五级进行质量评定。一级：枝叶鲜绿或深绿色，叶及花序损失小于 5%，含水量 15%~17%，有浓郁的干草香味；二级：枝叶绿色，叶及花序损失小于 10%，含水量 15%~17%，有香味；三级：叶色发黄，叶及花序损失小于 15%，含水量 15%~17%，有干草香味；四级：茎叶发黄或发白，叶及花序损失大于 15%，含水量 15%~17%，香味较淡；五级：发霉、有臭味，不能饲喂。

（二）秸秆加工调制

肉羊瘤胃微生物可以消化利用秸秆中的粗纤维，但当秸秆木质化后，粗纤维被木质素包裹，不易被消化利用。因此，为了提高肉羊对农副产品的消化利用率，在不影响农作物产量和质量的前提下，尽量提早收获，并快速调制，减少木质化程度。

秸秆经适当地加工调制，可改变原来的体积和理化性质，营养价值和适口性有所提高，是肉羊冬季补饲的主要饲料。

（三）饲料青贮

饲料青贮是以新鲜的全株玉米、青绿饲料、牧草、野草及收获后的玉米秸和各种藤蔓等为原料，切碎后装入青贮窖或青贮塔内，在密闭条件下利用青贮原料表面上附着的乳酸菌的发酵作用，或者在外来添加剂的作用下促进或抑制微生物发酵，使青贮料 pH 值下降，使饲料得以保存。

第三节　肉羊饲养标准及饲料的配制与安全使用技术

肉羊的营养需要是制定饲养标准及日粮配合的科学依据，是保证肉羊正常生产和生命活动的基础。饲养标准则是总结大量饲养试验结果和动物实际生产的需要，对各种特定动物所需要的各种营养物质的定额所做的系统的规定。它是动物生产计划中组织饲料供给、设计饲料配方、生产平衡日粮及对动物实行标准化饲养的技术指南和科学依据。

一、肉羊饲养标准

肉羊饲养标准的核心是保证日粮中能量、粗蛋白、粗纤维及钙、磷的平衡，使肉羊既能表现出应有的生产性能，又能经济有效地利用饲料。

一个完整的饲养标准应包括以下 4 个部分：①规定各种营养物质的日需要量或供应量。②日粮营养物质的含量水平。

③常用饲料的营养价值表。④典型的日粮配方。

在具体应用过程中需注意以下几方面：①各国的饲养标准多是以本国饲养条件和生产水平为基础编制的，应灵活应用，切忌生搬硬套。②肉羊对营养物质的需要量不是固定不变的。随着品种的改良、全价日粮的完善以及对饲料利用率的提高，其对营养物质的需要量也将逐步有所变化。③饲养标准是科学试验和生产实践相结合的产物，具有一定的代表性，但自然条件、管理水平等的差异决定了广大肉羊生产者应根据具体条件适当修改和检验肉羊的营养需要量。

二、日粮配合

标准的配合饲料又称全价配合饲料或全价料，是按照动物的营养需要标准（或饲养标准）和饲料营养成分价值表，由多种单个饲料原料（包括合成的氨基酸、维生素、矿物元素及非营养性添加剂）混合而成的，能够完全满足动物对各种营养物质的需要。

饲料配方方法很多，常用的有手算法和电脑运算法。随着近年来计算机技术的快速发展，人们已经开发出了功能越来越完全、速度越来越快的计算机专用配方软件，使用起来越来越简单，大大方便了广大养殖户。

1. 电脑运算法

运用电脑制定饲料配方，主要根据所用饲料的品种和营养成分、肉羊对各种营养物质的需要量及市场价格变动情况等条件，将有关数据输入计算机，并提出约束条件（如饲料配比、营养指标等），根据线性规划原理很快就可计算出能满足营养要求而价格较低的饲料配方，即最佳饲料配方。

电脑运算法配方的优点是速度快，计算准确，是饲料工业现代化的标志之一。但需要有一定的设备和专业技术人员。

2. 手算法

手算法包括试差法、对角线法和代数法等。其中以试差法较为实用。试差法是专业知识、算术运算和计算经验相结合的一种配方计算方法，可以同时计算多个营养指标，不受饲料原料种数限制。但要配平衡一个营养指标满足已确定的营养需要，一般要反复试算多次才可能达到目的。在对配方设计要求不太严格的条件下，此法仍是一种简便可行的计算方法。现以体重35千克，预期日增重200克的生长育肥绵羊饲料配方为例，举例说明如下：

第一步，查肉羊饲养标准（表5-6）。

表5-6 体重35千克，日增重200克的生长育肥羊饲养标准

干物质 ［千克/ （只·天）］	消化能 ［兆焦/ （只·天）］	粗蛋白 ［克/ （只·天）］	钙 ［克/ （只·天）］	磷 ［克/ （只·天）］	食盐 ［克/ （只·天）］
1.05~1.75	16.89	187	4.0	3.3	9

第二步，查饲料成分表（表5-7）。根据羊场现有饲料条件，可利用饲料为玉米秸青贮、野干草、玉米、麸皮、棉籽饼、豆饼、磷酸氢钙、食盐。

表5-7 供选饲料养分含量

饲料名称	干物质 （%）	消化能 （兆焦/千克）	粗蛋白 （%）	钙 （%）	磷 （%）
玉米秸青贮	26	2.47	2.1	0.18	0.03
野干草	90.6	7.99	8.9	0.54	0.09
玉米	88.4	15.40	8.6	0.04	0.21
麸皮	88.6	11.09	14.4	0.18	0.78
棉籽饼	92.2	13.72	33.8	0.31	0.64
豆饼	90.6	15.94	43.0	0.32	0.50
磷酸氢钙				32	16

第三步，确定粗饲料采食量。一般羊粗饲料干物质采食量为体重的2%~3%，取中等用量2.5%，则35千克体重肉羊需粗饲料干物质为0.875千克。按玉米秸青贮和野干草各占50%计算，用量分别为0.875×50%≈0.44千克。然后计算出粗饲料提供的养分含量（表5-8）。

表5-8　粗饲料提供的养分含量

饲料名称	干物质（千克）	消化能（兆焦）	粗蛋白（克）	钙（克）	磷（克）
玉米秸青贮	0.44	4.17	35.5	3.04	0.51
野干草	0.44	3.88	43.25	2.62	0.44
合计	0.88	8.05	78.75	5.66	0.95
与标准差值	0.17~0.87	8.84	108.25	1.66	-2.35

第四步，试定各种精饲料用量并计算出养分含量（表5-9）。

表5-9　试定精饲料养分含量

饲料名称	用量（千克）	干物质（千克）	消化能（兆焦）	粗蛋白（克）	钙（克）	磷（克）
玉米	0.36	0.32	5.544	30.96	0.14	0.76
麸皮	0.14	0.124	1.553	20.16	0.25	1.09
棉籽饼	0.08	0.07	1.098	27.04	0.25	0.51
豆饼	0.04	0.036	0.638	17.2	0.13	0.2
尿素	0.005	0.005		14.4		
食盐	0.009	0.009				
合计	0.634	0.56	8.832	109.76	0.77	2.56

由表5-10可见日粮中的消化能和粗蛋白已基本符合要求，如果消化能高（或低），应相应减（或增）能量饲料，粗蛋白也是如此，能量和蛋白符合要求后再看钙和磷的水平，两

者都已超出标准，且钙、磷比为 1.78∶1，属正常范围（1.5~
2）∶1，不必补充相应的饲料。

第五步，定出饲料配方。此育肥羊日粮配方为：青贮玉米
秸 1.69（0.44/0.26）千克，野干草 0.49（0.44/0.906）千
克，玉米 0.36 千克，麸皮 0.14 千克，棉籽饼 0.08 千克，豆
饼 0.04 千克，尿素 5 克，食盐 9 克，另加添加剂预混合饲料。

精饲料混合料配方（%）：玉米 56.9%，麸皮 22%，棉籽
饼 12.6%，豆饼 6.3%，尿素 0.8%，食盐 1.4%，添加剂预混
合饲料另加。

第六章　肉羊规模化生态养殖放牧草地的管理和利用

第一节　肉羊规模化生态养殖放牧草地的利用

一、放牧肉羊强度的确定

肉羊放牧强度主要可用载畜量来说明。载畜量是指单位草地面积上放牧羊群的头数或每头羊占有草地面积的数量。另一种载畜量的计算方法是将单位面积上放牧羊群的头数与放牧天数结合。研究证明，在一定范围内单位面积上羊群头数增多，对牧草的啃食和践踏的程度增强。由于采食的竞争，每头羊的生产性能逐渐下降，单位面积的畜产品总产量逐渐提高。但是，肉羊的单产和单位面积上的总产量不可能同时都提高，超过一定限度后，随着载畜量增加，单位面积上畜产品总产量反而下降。合理确定载畜量是确定放牧强度的关键。

确定载畜量要以草定畜，实行草畜平衡。根据草地载畜能力及羊群采食量，确定适宜的放牧强度，是草地利用的关键。载畜量的确定受多种因素影响，主要包括确定草地牧草产量、羊群的日采食量、放牧天数和草地利用率。肉羊载畜量的计算公式如下：

载畜量（公顷/头）＝采食量（千克/头·天）×放牧时间（天）/草地产量（千克/公顷）×草地利用率（％）

例如，牧草地的产草量为6667.5千克/公顷，放牧肉羊每天采食青草45.5千克/（头·天），实行分区轮牧时，该草地放牧6天，如果放牧草地利用率为90%，其载畜量应该为45.5×6/6667.5×90% = 0.04（公顷/头）。即每头肉羊占有0.04公顷的草地为合理的放牧强度。

载畜量确定以后，草地载畜量是否合适，还应从草地植被状况，如牧草种类成分变化、产草量、土壤板结程度等和羊群体况及畜产品数量来检验。

二、采食饲用牧草高度的确定

采食饲用牧草高度要根据放牧后剩余高度情况而定。"羊群采食高度"即放牧后剩余高度，它同牧草的适度利用有密切关系。从草地的合理利用角度来看，采食后剩余高度越低，利用越多，浪费越少，但也不能太低。放牧后留茬太低，牧草下部叶片啃食过多，营养物贮存量减少，再生能力受到影响。特别是晚秋放牧留茬过低，影响草地积雪和开春后牧草再生，对低温的抵抗力也会降低。放牧不同于刈割，放牧后留茬高度，只能掌握一个大致范围。肉羊采食后留茬高度以5~6厘米为宜。

三、肉羊放牧期的确定

草地最适当的开始放牧时期到最适当的结束放牧时期，称为该草地的"放牧期"或"放牧季"。只有根据科学的放牧期进行放牧，对草地的破坏性才较小，才能持续高产。我国南方很多地区羊群都是终年放牧的。在生产上划分放牧时期，实际上是困难的。但必须掌握有关的原理，才能设法弥补缺陷、避免损失，从而合理利用草地、培育草地、提高草地利用率。

在生产实践中牧民多根据节令（季节）来确定放牧时期。

如甘肃有的地区牧民认为：高山草原最适始牧期是夏至（6月下旬）；亚高山草原在芒种（6月上旬）；湿润或干旱草原在小满（5月下旬）。黑龙江草甸化草原区也多在小满（5月下旬）后开始放牧。在川西地区有"畜望清明满山草"之说，即清明前后为最适开始放牧期。这些都属地区性经验，对其他地区仅供参考，即使在同一地区不同年份也有一些差异，还应根据当时的实际情况灵活应用。当前比较公认的办法，仍然是根据优势牧草生育期并参考草地水分状况等来确定放牧时期。从土壤水分状况来看，以不超过60%为宜，凭经验判断，如果是人、畜走过草地无脚印，即认为水分适宜。草地上的优势牧草以达到下列生育期即为开始放牧时期：禾本科草开始抽茎期；豆科或杂类草是腋芽（侧枝）发生期；莎草科分蘖停止或叶片生长到成熟大小时，等等。

四、自由放牧技术

放牧制度是草地在以放牧利用为基本形式时，将放牧时期、羊群控制、放牧技术的运用等通盘考虑的一种体系。大致可分为自由放牧制度及计划放牧制度两类，而自由放牧制度则是我国现在用于生产的基本放牧制度。自由放牧，也叫无系统放牧，对草地的利用程度及对羊群健康状况的影响基本上决定于牧工的经验及责任感。这种放牧制度常采用以下几种方式。

1. 连续放牧

是农区最为常见的一种形式，整个放牧季节里，甚至全年均在一个地段上连续放牧，常引发草地植被破坏、羊群健康不良。这是最原始、最落后的放牧方式，应予以改进。

2. 季带放牧

将草地分成若干季带，如春、夏、秋、冬四季草场。是牧区常采用的一种形式，在一个地段放牧 3 个月或半年，然后转场。这虽比连续放牧有所改进，但仍难克服连续放牧的基本缺点。

3. 抓膘放牧

即夏末秋初，正当牧草结籽季节，由青壮年放牧员驱赶羊群，携带用具，经常转移牧地，选择水草好的地方，使羊群在短时间内催肥（抓膘）以便越冬。这种形式多用于羊群密度小的草地上。抓膘放牧属于季带放牧的一种。

4. 就地宿营放牧

这是自由放牧中比较进步的一种形式，放牧地虽无严格次序，但放牧后就地宿营，避免了人、畜奔波的辛劳，同时畜粪可撒播均匀，还可减少寄生性蠕虫病的传播。

五、划区轮牧技术

划区轮牧是把草地划分为若干个季带。在每个季带内再划分为若干个轮牧区。每个轮牧区由很多轮牧分区组成。放牧时根据分区载畜量的大小。按照一定的顺序逐区轮流利用。在放牧时可酌情采用系留放牧、一昼放牧、不同羊群更替放牧、混合羊群放牧、野营放牧等形式。季带划分的主要依据是气候、地形、植被、水源等条件。在山区要特别重视地势条件。其一般原则如下。

1. 冬季草场

冬季羊群体质较瘦弱，又值母畜妊娠后期或临产期，这时牧草枯黄，又多被雪覆盖，因此冬场应选择背风向阳的地段。陕北农谚"春湿、夏干、秋抢茬，冬季放在沙巴拉（即沙窝子）"；"春栏背坡、夏栏梁，秋栏峁坡、冬栏阳"，这都是符合科学道理的。在植被选择上，牧草茎秆要高，盖度要大，才不会被风吹雪盖。也要考虑离营地和饮水点要近，避免羊群走动过远消耗体力。

2. 春季草场

此时羊群处于所谓"春乏期"，又值临产或哺乳季节，对草场要求背风向阳、地势开阔，最好有牧草萌发较早的地段，以利于提前补饲青绿饲料。

3. 夏季草场

此时是牧草生长旺盛期，也是羊群恢复体力抓夏膘的季节。但夏季气候炎热，蚊蝇较多，故夏场要选地势高燥、凉爽通风的地段。

4. 秋季草场

此时是羊群抓"秋膘"的季节，牧草处于结实期，在草场的选择上要地势较低、平坦而开阔。农谚有"春放平川，秋放洼"的说法。因为低洼地段水分条件好，牧草枯黄相对晚，有利于抓秋膘。但芨芨草草滩，不宜作秋场，秋季羊群不吃芨芨草。针茅、黄背茅、扭黄茅等比重大的有害草地也不宜作秋场，因为这时正值它们结实期，长芒常钻入羊体危害很大，同时，还有帮助它们自然播种的不利作用。

第二节　肉羊规模化生态养殖放牧草地的管理

一、草地植被灌丛与刺灌丛的清除

草地上的灌丛、刺灌丛饲用价值低，徒占面积，羁绊羊群，影响放牧。割草时影响机具运转，特别是带刺的灌丛为草地上的严重草害，放牧母羊时，易刺伤畜体划破其乳房，应予清除。草地上灌木稀少时可用人力挖掘，有的灌木萌发力差，只需齐地面挖掉，残根可自然腐烂，面积大时，则需要用灌木清除机。化学除草剂也可考虑采用。

并不是草地上所有灌丛均应清除。例如，北方有些地区依靠灌丛积雪。荒漠、半荒漠草原上灌木是主要饲料，要保护灌丛，有时还要栽培灌木牧草。在南方山区坡度很大的地段，灌木可保持水土。因此，清除灌丛、刺灌丛要权衡利弊，因地制宜。

二、草地封育技术

草地的封育亦称封滩育草、封沟育草、封沙育草。主要是划出一定面积的草地，在规定的时间内禁止放牧和割草，以达到草地植被自然更新的目的。根据各地经验，封育一年后，一般比不封育的可增产 1~3 倍。封育能提高草地产草量，其原因是草地连年利用，生长势削弱，同时靠种子繁殖的牧草没有结种机会，生长节律被破坏，产草量急剧下降。封育以后，恢复了牧草正常的生长与发育，加强了优良牧草在草群中的竞争能力，达到植被更新的目的。

各地经验证明，封育时间应根据草地退化程度、气候、土壤等条件来确定，一般可封育 1~4 年。当然，对植被退化严重的草地也可超过 4 年。在生产上，从保养草地出发，也可采用夏秋封育冬春用；第一年封，第二年用；一年封、几年用等方式。在封育区内还应采取灌溉、施肥、松耙、补播和营造防护林等综合措施，以缩短封育时间，提高封育效果。

三、牧草补播技术

牧草补播，就是在不破坏或少破坏原有植被的情况下，在草群中播种一些优质牧草，达到改善饲草品质，提高草地生产力的目的。

草种的选择是补播成败的关键，用作补播草种的牧草产量、适应性等条件中首先要考虑的是适应性和竞争力。因此，最理想的补播品种是抗逆性良好的野生牧草。当选择一些优良的栽培牧草进行补播时，必须事先经过试种。

补播过程中的一系列措施，均应围绕如何加强补播草种的竞争力。播前应对草地进行一番清理工作，如清除乱石、松耙、清除有毒有害的牧草等。在播种时期的选择上要因地制宜，如内蒙古春季风大、干旱不宜播种，夏季风小且有一定降雨量，故夏季在降雨前后进行补播较为适宜；新疆的干旱草原地区、荒漠草原地区，主要是土壤水分不足，在积雪融化期或融雪后进行补播。

在地势不平、机器运转困难的地区，可用人工播种，播种后驱赶羊群放牧践踏以覆土，可使播种均匀。也可将种子拌在泥土和厩肥中制作丸衣，用人工或飞机进行播种。地势陡峭的地区，还可在泥土和厩肥里拌上草种，做成小的饼块，当下雨前后，将种饼块用竹扦钉在陡坡上，种子便很快萌发。在地势平坦的地区，可采用机播，大粒种子（如柠条等）可点播，小粒种子可拌土拌沙撒播，可骑马也可在汽车或拖拉机上，人工撒种。大面积草地用飞机播种效果更好。

除人工补播外，对天然补播也不可忽视，具体方法是在封育草地上待草种成熟后，用棍子把草种打落撒布在草地里，或放牧羊群让畜蹄践踏撒布种子。不管是人工补播或天然补播，如果能结合松耙、施肥、灌溉、排水、划破草皮等措施补播效果就更好。

四、草地有毒、有害植物防除技术

1. 生物防除法

生物防除是利用生物间的互相制约关系进行防除。这种方法简单易行，成本低，效果好。如飞燕草，羊最易中毒，马次之，绵羊采食量超过体重3%时，才引起慢性中毒。但它对猪却例外，不会引起中毒。因此，在飞燕草较多的草地上，利用山羊反复重牧可以除灭。山羊还对灌丛、刺灌丛有嗜食习性，反复重牧亦可逐渐除灭这类牧草。又如，有些牧草只有在种子成熟后才造成危害，如针茅属、扭黄茅等；相反，有些牧草在幼嫩时造成危害，成熟后特别是经霜以后是羊群的良好饲料，如蒿属牧草。遏兰菜幼嫩时无毒，只有种子里才含有毒质。根据这些特点，可在这些牧草无毒无害时期进行反复重牧除灭。一般连续3~4次重牧，有的毒害牧草即可除灭，有的可受到抑制。也可利用牧草的种间竞争进行除灭。例如，采用农业技术手段，促使优良的根茎型禾本科牧草生长与繁殖可使处于抑制状态的有毒有害植物逐渐淘汰。有的毒草，如毒芹、乌头、毛茛、藜芦、王孙、酸模、问荆等喜湿性强，也可采用排水、降低地下水位、改变牧草生态环境的办法予以除灭。

2. 人工防除法

对于在正常情况下，羊群均不采食的毒草，可采用反复刈割来代替反复重牧。有些数量不多，但有剧毒的牧草，可用人工挖除的办法。

3. 化学防除法

化学防除的效率很高，可彻底除灭某些有毒有害毒草。选择性强的除莠剂，它能杀灭毒草，而不伤害牧草，因此经济而有效的化学除莠剂的生产在草原杂草和有毒有害植物的防除上具有极其重要的意义。

五、荒地改良技术

由于水热条件不足、土壤基质疏松、肥力降低而废弃的土地或因土壤沙化、盐渍化而被迫弃耕的农地均称为撂荒地。这些荒地可以通过改良，建立草地。向撂荒地施以改良措施前，必须充分考虑到撂荒地的气候、土壤、水分及相邻地段的植被条件等，才可酌情采取措施。如撂荒地面积大、风蚀强、沙化严重，应首先栽种固沙牧草作生物屏障，为播种创造良好条件。在撂荒地播种条件已基本具备时，也可直接播种多年生牧草。

第三节　肉羊的放牧管理

一、放牧饲养

山羊是以放牧为主的草食家畜，放牧是最经济的饲养方式。利用羊的合群性，组群放牧饲养，可以节省饲料和管理的费用。放牧时，羊采食青绿饲料种类多，容易获得完全营养，不仅能满足羊只生长发育的需要，还能达到放牧抓膘的目的。同时由于放牧增加了羊只的运动量，并能接受阳光中的紫外线照射和各种气候的锻炼，有利于羊的生长发育与健康。具体放牧关键技术如下。

放牧队形主要根据地形地势、草生长状况、季节时间和羊群的饥饱情况而变换。放牧羊的队形基本有两种形式：一条鞭和满天星。

"一条鞭"又称一条线，即把羊排成一横队，缓步前进。领羊人走在前面，挡住强羊，助手在后驱赶弱羊，防止掉队，保持队形。这种队形适用于植被均匀、中等的牧地。要使羊只吃食匀、吃得饱，采食时间要较长；逐渐吃饱后，游走速度应快些，使羊只不断采食到好草以提高采食量（但也不可走得过快，防止牧草利用不充分）；直到大部分羊吃饱以后，就会出现站立前望或卧下休息的情况，这时羊群停止前进，就地休息反刍。若欲让羊群移动时，再驱赶唤起继续采食。

"满天星"是把羊均匀地分散在一定范围的牧地上，令羊自由采食，直到牧草采食完全后，再移到新的牧地上去。这种队形适合于牧草稠密茂盛、产量高的牧地，或牧草特别稀疏，且生长不均匀的牧地。前者因牧草丰富，所以把羊群散开，随时都可采食到好草。后者因牧草生长不良，让羊群散开自由采食可吃到较多的牧草。

二、放牧技术要点

（一）多吃少消耗

放牧羊群在草场上，吃草时间超过游走时间越长越好。吃草时间长，体能消耗相对较小，这样才能达到多吃少消耗，快速增膘的目的。

（二）"四勤三稳"

我国著名牧羊专家宁华堂的经验是"手大、手小、稳当就好""走慢、走少，吃饱、吃好"。稳羊不馋，抓膘快、易保膘。"稳羊"包括放牧稳、饮水稳和出入圈稳。只有稳住了羊群，才能保证羊少走多吃，吃饱喝好，无事故，"三稳"要靠"四勤"来控制，四勤即指放牧人员要腿勤、手勤、嘴勤、眼勤。管住羊群，使其慢且易上膘。

（三）"领羊、挡羊、喊羊、折羊"相结合

放牧羊群应有一定的队形和密度。"领羊"是牧工按一定队形前进，控制采食速度和前进方向，"挡羊"是挡住走出群的羊。"折羊"是使羊群改变前进方向，把羊群赶向既定的草场、水源的道路上去。"喊羊"是放牧时呼以口令，使落后的羊只跟上队，抢前的缓慢前进。为了做好"领羊、挡羊、喊羊和折羊"，平时训练头羊，有了头羊带队，容易控制羊群，使放牧羊群按放牧工的意图行动。

第七章　肉羊养殖场生态环境控制技术

第一节　病死羊的无害化处理

要实施羊无害化饲养，最关键的是保持羊群的健康。一旦羊发病或出现死亡，及时进行病、死羊的无害化处理，也是实施健康养羊的关键措施之一。由致病因子致死的羊，其尸体可成为同舍或同场及其他羊场的感染源。同样，无法救治的病羊能向环境排出传染性病毒或有毒细菌，必须使此类羊立即离开羊群，采取不会把血液和浸出物散播的方法加以扑杀。所有尸体，不论是死亡于临床表现严重的传染性疾病，还是死于确诊的普通性疾病，都要采取下列方法处理，以防疾病传播。

一、烧煮或炼油

像处理其他家畜尸体一样，新死的羊也可以炼制成肥料或其他产品。炼制温度必须达到灭菌的温度。运输尸体的卡车应清洗、消毒。装载尸体的容器必须进行清洁和灭菌。在尸体运输过程中，必须事前和事后均要采取严格的消毒措施，运输途中也必须采用严格的全密闭车辆承载。如果不采取严格的预防措施，病源就有可能从某些发病地区带入另一地区。

二、焚烧

焚烧是杀死传染性病菌的最可靠方法。对于小范围的病死羊，如不需要到集中地处理时，可自己购置焚尸炉。为了实施无公害养羊生产，羊场可以购进小型的经济、实用型焚尸炉，这样可便于养羊场及时将病、死羊进行处理。但这类焚尸炉必须设计合理，以免在燃烧时出现空气污染。

三、掩埋

对于那些死亡严重的尸体处理问题，或经济效益承受能力较差的养羊场，在目前我国环境法规允许的条件下，可挖一深沟掩埋尸体，这样其他动物就不会接触到。最好也是最容易的方法就是用反向铲挖成一个深而窄的沟，把当天收集到的死羊投放在里面，然后撒上石灰覆盖，以免病菌通过空气传播。

第二节　羊场粪便的处理

目前，羊场粪便处理最有效的方法就是畜禽粪便资源化。所谓的资源化就是指通过一定的技术处理，将粪便由废弃物变成资源，变成农业的肥料或燃料。

一、用作肥料

畜禽粪便用作肥料是我国劳动人民在长期生产实践中总结出来的，能够促进农业的增产增收。过去一家一户小规模饲养，畜禽粪便容易收集，大多数采用填土垫圈的方式或堆肥方式利用畜禽粪便，俗称农家肥。长期以来，人们一直利用农家肥给作物施肥，也就有了"庄稼一枝花，全靠粪当家"的谚语。

羊粪是一种速效、微碱性肥料，有机质多，肥效快，适于各种土壤施用。经发酵后作为肥料使用，是减轻环境污染、充分利用农业资源最经济有效的措施。随着集约化畜禽养殖的发展，畜禽粪便也日趋集中，在一些地区兴建了一批畜禽有机肥生产厂。

采用的方法有堆肥发酵法、快速烘干法等。目前我国广泛采用堆肥发酵法利用羊粪，这种方法可以杀死羊粪便中的微生物，有效提高羊粪的肥效。并且可以降低有机肥生产的成本，建一个堆肥发酵场地，并不需要太多的投入。

利用生物肥料发酵菌发酵生产的有机肥具有以下特点：无害化程度高、改良土壤、利于吸收、缓速增效，增产增收、均衡营养、生产成本低、改良土壤、改善农作物产品品质，提高农作物的产量，对促进我国特色农业的发展起到推动作用。发酵后的羊粪能改善土壤结构、增强肥效、刺激生长和促进土壤化学活性及生物活性提高的作用，不仅提高了土壤肥力水平，而且土壤保水供水能力增强，刺激作物根系发育多而长，增强了土壤抗干旱能力；有调节土壤温度功能，增强土壤缓解低温及高温危害功能；提高对酸碱的缓冲作用，能够防止和减少土壤酸碱危害和盐害，有利于防治土壤退化和沙化；吸附、螯合、络合氧化还原、离子交换作用及提高土壤微生物及土壤酶活性等功能的综合作用，对防治土壤农药、重金属、有机污染物污染与减少水体富营养化污染等。羊粪经高温杀菌，发酵腐熟，脱臭无害化处理，结合微生物肥料发酵菌种等特殊工艺精制而成。安全高效，无毒无害，养分全面，性质稳定，逐步分解，提高抗疫力，促进壮苗，属于天然有机营养、优质环保新型有机肥料。

尽管畜禽粪便是十分有效的有机肥，但从当前的利用来看还不乐观，主要是由于我国农业化学的进步，很多地方化肥的使用取代了传统的有机肥。特别是随着畜禽业集约化养殖迅速发展，使养殖业和种植业更加脱节，因而畜禽粪便的利用率极低。据调查，有25%的畜禽粪便堆放在养殖场内或粪便池中未被利用，必然严重污染环境。在农村一些地方，庭院畜牧经济和畜牧专业户的出现，形成了在下雨时粪便随雨水到处流淌，严重污染环境；粪便不仅没有被处理，更没有被及时利用，造成对资源的极大浪费。

二、用作燃料

厌氧发酵法是将畜禽粪便和秸秆等一起进行发酵产生沼气，是畜禽粪便利用最有效的方法。这种方法不仅能提供清洁能源，解决我国广大农村燃料短缺和大量焚烧秸秆的矛盾，同时，也解决了大型畜牧养殖场的畜禽粪便污染问题。畜禽粪便发酵生产沼气可直接为农户提供能源，沼液可以直接肥田，沼渣还可以用来养鱼，形成养殖与种植紧密结合的生态模式。虽然建设沼气需要一定的资金和费用，但在长期的生产实践中，我国劳动人员总结了许多建设沼气池的经验，创造出牲畜圈—沼气池—菜地、农田—鱼塘连为一体的种植—养殖循环体系。这种循环体系的沼气池不用太大的投资，效益非常显著，能量得到充分利用，农村庭院生态系统物质实现了良性循环。

第八章 肉羊生态健康养殖疾病防控技术

疫病除造成羊的直接死亡外，更重要的是由于患病后生产能力降低而导致饲养成本的隐性增加，另外还有一些人畜共患病直接威胁人体健康和生命安全，如羊炭疽病、羊布氏杆菌病、包虫病等。要想获得最大化的经济效益，把羊病危害降到最低，必须制订有效的疫病防控方案，坚持"预防为主，防重于治"的原则。随着养羊产业的发展壮大，羊病种类不断增多，其危害程度也在不断增加，因此做好疾病的防治是羊场经营和管理的重要工作。

第一节 肉羊常见传染病的防治技术

预防为主是动物防疫工作一贯支持的方针，随着中国的畜禽生产方式的转变，规模化、现代化程度的提高，"预防为主"的方针显得越发重要。针对肉羊卫生防疫的需要，原农业部制定了《无公害食品肉羊饲养兽医防疫准则》和《无公害食品肉羊饲养兽药使用准则》等相关的标准和规范。

一、肉羊卫生保健

肉羊卫生保健是肉羊健康高效养殖的保证。肉羊的卫生保健受养殖环境、肉羊自身状况（包括健康状况、年龄、性别、抗病力、遗传因素等）、外界致病因素及气候、环境等的影响。

（一）健康养殖

选养健康的良种公羊和母羊，自行繁殖，可以提高羊的品质和生产性能，增强对疾病的抵抗力，并可减少入场检疫的工作量，防止因引入新羊带来病原体。

肉羊舍饲后饲养密度提高，运动量减少，人工饲养管理程度提高，一些疾病会相对增多，如消化道疾病，呼吸道疾病，泌尿系统疾病，中毒病如霉菌毒素中毒等，眼结膜炎、口疮、关节炎、乳腺炎等相对多发。因此，科学管理，精心喂养，增强羊抗病能力是预防羊病发生的重要措施。饲料种类力求多样化并合理搭配与调制，使其营养丰富全面。同时要重视饲料和饮水卫生，不喂发霉变质、冰冻及被农药污染的草料，不饮污水，保持羊舍清洁、干燥，注意防寒保暖及防暑降温工作。

（二）检疫制度

羊从生产到出售，要经过出入场检疫、收购检疫、运输检疫和屠宰检疫。羊场或养羊专业户引进羊时，只能从非疫区购入，经当地兽医检疫部门检疫，并签发检疫合格证明书；运抵目的地后，再经本场或专业户所在地兽医验证、检疫并隔离观察1个月以上，确认为健康者，经驱虫、消毒，没有注射过疫苗的还要补注疫苗，方可混群饲养。羊场采用的饲料和用具，也要从安全地区购入，以防疫病传入。

（三）免疫接种

免疫接种是激发羊体产生特异性抵抗力，使其对某种传染病从易感转化为不易感的一种手段，有组织有计划地进行免疫接种，是预防和控制羊传染病的重要措施。

首先应注意疫苗是否针对本地的疫病类型，要注意同类疫苗间型的差异，疫苗稀释后一定要摇匀，并注意剂量的准确性，使用前要注意疫苗是否在有效期内，在运输和保存疫苗过程中要低温，按照说明书采用正确方法免疫，如喷雾、口服、肌内注射等，必须按照要求进行，并且不能遗漏，在使用弱毒活菌苗时，不能同时使用抗生素，只有完全按照要求操作，才能使疫苗接种安全有效。

（四）卫生消毒

羊舍、羊圈及用具应保持清洁、干燥，每天清除粪便及污物，堆积制成肥料。饲草保持清洁干燥，不发霉腐烂，饮水要清洁，清除羊舍周围的杂物、垃圾，填平死水坑，消灭鼠、蚊、蝇。

羊舍清扫后消毒，常用消毒药有 10%～20% 的石灰乳和 10% 的漂白粉溶液。产房在产羔前消毒 1 次，产羔高峰时进行多次，产羔结束后再进行 1 次。在病羊舍、隔离舍的出入口处应放置浸有消毒液的麻袋片或草垫，消毒液可用 2%～4% 氢氧化钠（对病毒性疾病）或 10% 克辽林溶液。

地面消毒可用含 2.5% 有效氯的漂白粉溶液、4% 福尔马林或 10% 氢氧化钠溶液。粪便消毒最实用的方法是生物热消毒法。污水消毒是将污水引入污水处理池，加入化学药品消毒。

（五）药物预防

以安全而价廉的药物加入饲料和饮水中进行的群体药物预防。常用的药物有磺胺类药物、抗生素。

（六）定期驱虫

羊驱虫往往是成群进行，在查明寄生虫种类基础上，根据羊的发育状况、体质、季节特点用药。羊群驱虫应先搞小群试验，用新驱虫剂或新驱虫法更应如此，然后再大群推行。

（七）预防中毒

野草是羊的良好天然饲料，但有些野草有毒，为了避免中毒，要调查有毒草的分布。要把饲料储存在干燥、通风的地方，饲喂前要仔细检查，如果饲料发霉变质应不用。有些饲料本身含有有毒物质，饲喂时必须加以调制。有些饲料如马铃薯若储藏不当，其中的有毒物质会大量增加，对羊有害。

农药和化肥要放在仓库内，专人保管，以免发生中毒。被污染的用具或容器应消毒处理后再用。其他有毒药品如灭鼠药等的运输、保管及使用也必须严格，以免羊接触发生中毒事故。喷洒过农药和施有化肥的农田排水，不应作饮用水；工厂附近排出的水或池塘内的死水，也不宜让羊饮用。

（八）疫病防治

对于传染病如羊痘、口蹄疫、羊肠毒血、羊快疫、羊炭疽、羔羊痢、破伤风、痒螨、疥螨等要注意其免疫程序及驱虫时间。对于普通病防治如肠炎、腹泻、乳腺炎、肺炎、口腔炎、腐蹄病等，在诊断确诊的基础上，对症治疗。选用敏感性药物，以提高治疗效果，并经常更换，以免发生抗药性。对特殊病例治疗病症消除后，应维持用药 2~3 天，以巩固药效。

及时诊断、合理治疗。及时正确的诊断对于早期发现病畜，及早控制传染源，采取有效防疫措施，防止传染病的扩大传播有重要的意义。治疗应在严格隔离条件下进行，同时应在加强护理、增强机体本身防御能力基础上采用对症和病因疗法相结合进行。

（九）加强对有关法规的学习

GB/T 16569—1996《畜禽产品消毒规范》规定了畜禽产品一般的消毒技术。GB 16548—2006《病害动物和病害动物产品生物安全处理规程》规定了畜禽病害肉尸及其产品的销毁、化制、高温处理和化学处理的技术规范。在肉羊养殖的过程中要加强对相关法规的学习、掌握和应用，保证养羊场健康发展。

（十）发生疫病羊场的防疫措施

第一，及时发现，快速诊断，立即上报疫情。确诊病羊，迅速隔离。如发现一类和二类传染病暴发或流行（如口蹄疫、痒病、蓝舌病、羊痘、炭疽等）应立即采取封锁等综合防疫措施。

第二，对易感羊群进行紧急免疫接种，及时注射相关疫苗和抗血清，并加强药物治疗、饲养管理及消毒管理。提高易感羊群抗病能力。对已发病的羊，在严格隔离的条件下，及时采取合理的治疗，争取早日康复，减少经济损失。

第三，对污染的圈、舍、运动场及病羊接触的物品和用具都要进行彻底的消毒和焚烧处理。对患传染病的病死羊和淘汰羊严格按照传染病羊尸体的卫生消毒方法，进行焚烧后深埋。

二、肉羊场消毒

（一）消毒类型

疫源地消毒：是指对存在或曾经存在过传染病的场所进行的消毒。场所主要指被病原微生物感染的羊群及其生存的环境，如羊群、舍、用具等。一般可分为随时消毒和终末消毒两种。预防性消毒：对健康或隐性感染的羊群，在没有被发现有传染病或其他疾病时，对可能受到某种病原微生物感染羊群的场所环境、用具等进行的消毒，谓之预防性消毒。对养羊场附属部门如门卫室、兽医室等的消毒也属于此类型。

（二）消毒剂的选择

要选择对人和肉羊安全、无残留、不对设备造成破坏、不会在羊体内产生有害积累的消毒剂。肉羊场常用消毒药物见表8-1。

表 8-1 肉羊场常用消毒药物表

名称		常用浓度	用途
	酒精	75%	用于皮肤、手臂等消毒，主要用于工作人员
	碘酊（或碘附）	5%	注射时羊体、皮肤的直接涂擦消毒
	煤酚皂（来苏儿）	3%~5%	料槽、用具、洗手消毒
	新洁尔灭	0.1%	器械用具的消毒
		0.5%~1%	手术的局部消毒
碱类消毒药	氢氧化钠（火碱）	1%~2%	发生疫病时场地、用具（金属用具除外）的消毒
	碳酸钠（纯碱）	4%	用于衣物、用具、羊舍、场所消毒
	石灰乳（1:1）	10%~20%	用于羊舍墙壁，地面消毒
	草木灰（农家烧柴草的白灰）	20%~30%	用于羊舍、料槽、用具消毒
强氧化剂	过氧乙酸	0.2%~0.5%	对栏舍、饲料槽、用具、车辆、食品车间地面及墙壁进行喷雾消毒
	高锰酸钾	0.1%	肠道疾病
		0.5%	皮肤、黏膜和创伤消毒
		4%	饲料槽及用具消毒
有机氯消毒剂	消特灵、菌素净及漂白粉等		栏舍、栏槽及车辆等的消毒
复合酚又名消毒灵、农乐等			主要用于栏舍、设备器械、场地的消毒，药效可维持5~7天
双链季铵酸盐类消毒药：百毒杀			药效持续时间为10天左右，适合于饲养场地、栏舍、用具、饮水器、车辆的消毒

（三）肉羊场消毒方法

1. 常用消毒方法

①喷雾消毒，即用规定浓度的次氯酸盐、有机碘化合物、过氧乙酸、新洁尔灭、煤酚等，进行羊舍消毒、带羊环境消

毒、羊场道路和周围以及进入场区的车辆消毒。②浸液消毒，即用规定浓度的新洁尔灭、有机碘混合物或煤酚皂的水溶液洗手、洗工作服或对胶靴进行消毒。③熏蒸消毒，是指用甲醛等对饲喂用具和器械，在密闭的室内或容器内进行熏蒸。④喷洒消毒，是指在羊舍周围、入口、产房和羊床下面撒生石灰或氢氧化钠进行的消毒。⑤紫外线消毒，指在人员入口处设立消毒室，在天花板上离地面 2.5 米左右安装紫外线灯，通常 6~15 立方米用 1 支 15 瓦紫外线灯。用紫外线灯对污染物表面消毒时，灯管距污染物表面不宜超过 1.0 米，时间 30 分钟左右，消毒有效区为灯管周围 1.5~2.0 米。

2. 肉羊场的消毒

（1）清扫与洗刷　为了避免尘土及微生物飞扬，先用水或消毒液喷洒，然后再清扫。主要清除粪便、垫料、剩余饲料、灰尘及墙壁和顶棚上的蜘蛛网、尘土等。

（2）肉羊舍消毒　消毒液的用量为 1 升/立方米（泥土地面、运动场为 1.5 升/立方米左右）。消毒顺序一般从离门远处开始，以墙壁、顶棚、地面的顺序喷洒一遍，再从内向外将地面重复喷洒 1 次，关闭门窗 2~3 小时，然后打开门窗通风换气，再用清水清洗饲槽、水槽及饲养用具等。

（3）饮水消毒　肉羊的饮水应符合畜禽饮用水水质标准，饮水槽的水应隔 3~4 小时更换 1 次，饮水槽和饮水器要定期消毒，为了杜绝疾病发生，有条件者可用含氯消毒剂进行饮水消毒。

（4）空气消毒　一般肉羊舍被污染的空气中微生物数量在每立方米 10 个以上，当清扫、更换垫草、出栏时更多。空气消毒最简单的方法是通风，其次是利用紫外线杀菌或甲醛气体熏蒸。

（5）消毒池的管理　在肉羊场大门口应设置消毒池，长度不小于汽车轮胎的周长，2 米以上，宽度应与门的宽度相同，水深 10~15 厘米，内放 2%~3%氢氧化钠溶液或 5%来苏儿溶液和草酸。消毒液 1 周更换 1 次，北方在冬季可使用生石灰代替氢氧化钠。

（6）粪便消毒　通常有掩埋法、焚烧法及化学消毒法。掩埋法是将粪便与漂白粉或新鲜生石灰混合，然后深埋于地下 2 米左右处。对患有烈性传染病家畜的粪便进行焚烧，方法是挖一个深 75 厘米，长、宽 75~100 厘米的坑，在距坑底 40~50 厘米处加一层铁炉算子，对湿粪可加一些干草，用汽油或酒精点燃。常用的粪便消毒方法是发酵消毒法。

（7）污水消毒　一般污水量小，可拌洒在粪中堆集发酵，必要时可用漂白粉按每立方米 8~10 克搅拌均匀消毒。

3. 人员及其他消毒

（1）人员消毒　①饲养管理人员应经常保持个人卫生，定期进行人畜共患病检疫，并进行免疫接种，如卡介苗、狂犬病疫苗等。如发现患有危害肉羊及人的传染病者，应及时调离，以防传染。②饲养人员进入肉羊舍时，应穿专用的工作服、胶靴等，并对其定期消毒。工作服采取煮沸消毒，胶靴用 3%~5%来苏儿浸泡。工作人员在工作结束后，尤其在场内发生疫病时，工作完毕，必须经过消毒后方可离开现场。具体消毒方法是将穿戴的工作服、帽及器械物品浸泡于有效化学消毒液中。对于接触过烈性传染病的工作人员可采用有效抗生素预防治疗。平时的消毒可采用消毒药液喷洒法，不需浸泡。直接将消毒液喷洒于工作服、帽上；工作人员的手及皮肤裸露处以及器械物品，可用蘸有消毒液的纱布擦拭，而后再用水清洗。③饲养人员除工作需要外，一律不准在不同区域或栋舍之间相互走动，工具不得互相借用。任何人不准带饭，更不能将生肉及含肉制品的食物带入场内。场内职工和食堂均不得从市场购肉，所有进入生产区的人员，必须坚持在场区门前踏 3%氢氧化钠溶液池、更衣室更衣、消毒液洗手，条件具备时，要先沐浴、更衣，再消毒才能进入羊舍内。④场区禁止参观，严格控制非生产人员进入生产区，若生产或业务必需，经兽医同意、场领导批准后更换工作服、鞋、帽，经消毒室消毒后方可进入。严禁外来车辆入内，若生产或业务必须，车身经过全面消毒后方可入内。在生产区使用的车辆、用具，一律不得外出，更不得私用。⑤生产区不准养猫、养狗，职工不得将宠物带入场内，不准在兽医诊疗室以外的地方解剖尸体。建立严格的兽医卫生防疫制度，肉羊场生产区和生活区分开，入口处设消毒池，设置专门的隔离室和兽医室，做好发病时隔离、检疫和治疗工作，控制疫病范围，做好病后的消毒净群等工作。当某种疫病在本地区或本场流行时，要及时采取相应的防控措施，并要按规定上报主管部门，采取隔离、封锁等措施。⑥长年定期灭鼠，及时消灭蚊蝇，以防疾病传播。对于死亡羊的检查，包括剖检等工作，必须在兽医诊疗室内进行，或在距离水源较远的地方检查。剖检后的尸体以及死亡的畜禽尸体应深埋或焚烧。本场外出的人员和车辆，必须经过全面消毒后方可回场。运送饲料的包装袋，回收后必须经过消毒，方可再利用，以防止污染饲料。

（2）饲料消毒　对粗饲料要通风干燥，经常翻晒和日光照射消毒，对青饲料要防止霉烂，最好当日割当日用。精饲料要防止发霉，应经常晾晒，必要时进行紫外线消毒。

（3）土壤消毒　消灭土壤中病原微生物时，主要利用生物学和物理学方法。疏松土壤可增强微生物间的拮抗作用，使其受到紫外线充分照射。必要时可用漂白粉或 5%～10% 漂白粉澄清液、4%甲醛溶液、1%硫酸苯酚合剂溶液、2%～4%氢氧化钠热溶液等进行土壤消毒。

（4）羊体表消毒　主要方法有药浴、涂擦、洗眼、点眼、阴道子宫冲洗等。

（5）医疗器械消毒　各种诊疗器械及用器在使用完毕后要及时消毒，尽量使用一次性医疗卫生器械，避免各种病原菌交叉传播感染。

（6）疫源地消毒　包括病羊的肉羊舍、隔离场地、排泄物、分泌物及被病原微生物污染和可能污染的一切场所、用具和物品等，可使用2%~3%氢氧化钠溶液消毒。地面可撒生石灰消毒。

三、肉羊免疫

当地畜牧兽医行政管理部门应根据《中华人民共和国动物防疫法》及其配套法规的要求，结合当地实际情况，制定疫病的免疫规划。肉羊饲养场根据免疫规划制定本场的免疫程序，并认真实施，注意选择适宜的疫苗和免疫方法。

（一）羔羊常用免疫程序

羔羊的免疫力主要从初乳中获得，在羔羊出生后1小时内，保证吃到初乳。对半月龄以内的羔羊，疫苗主要用于紧急免疫，一般暂不注射。羔羊常用疫苗和使用方法见表8-2。

表8-2　羔羊常用疫苗和使用方法

时间	疫苗名称	剂量（只）	方法	备注
出生24小时内	破伤风抗毒素	1毫升/只	肌内注射	破伤风
16~18日龄	羊传染性脓疱皮炎活疫苗	0.2毫升	下唇黏膜划痕或口黏膜内注射免疫	传染性脓疱炎
断奶后	三联四防疫苗	1毫升/只	肌内注射	羔羊痢疾（魏氏梭菌、黑疫）、猝疽、肠毒血症、快疫

（续表）

时间	疫苗名称	剂量（只）	方法	备注
3月龄以下	羔羊大肠杆菌病疫苗	1毫升/只	皮下注射	羔羊痢疾
3月龄以上		2毫升/只		

（二）妊娠母羊免疫程序

对怀孕后期的母羊应注意了解，如果怀胎已逾3个月，应暂时停止预防注射，以免造成流产。妊娠母羊免疫程序见表8-3。

表8-3　妊娠母羊免疫程序表

疫苗名称	疫病种类	时间	免疫剂量	注射部位	备注
羔羊痢疾氢氢化招菌苗	羔羊痢疾	怀孕母羊分娩前20~30天和10~20天各注射1次	分别为每只2毫升和3毫升	两后腿内侧皮下	羔羊通过吃奶获得被动免疫，免疫期5个月
三联四防疫苗	羔羊痢疾、猝疽、肠毒血症、快疫	产前1.5个月	5头份	肌内注射	
口疮弱毒细胞冻干苗	羊口疮	产羔前或产羔后20天左右	0.2毫升	口腔黏膜内注射	母羊防过羔羊可不预防
羊流产衣原体油佐剂卵黄灭活苗	羊衣原体性流产	羊怀孕前或怀孕后1月内	3毫升	皮下注射	免疫期1年

（三）空怀和其他肉羊免疫程序

肉羊的免疫程序和免疫内容，不能照抄、照搬，而应根据各地的具体情况制定。肉羊接种疫苗时要详细阅读说明书，查看有效期，记录生产厂家和批号，并严防接种过程中通过针头传播疾病。

经常检查羊的营养状况，肉羊要适时进行重点补饲，防止营养物质缺乏。尤其对妊娠、哺乳母羊和育成羊更显重要。严禁饲喂霉变饲料、毒草和农药喷过不久的牧草。禁止羊饮用死水或污水，以减少病原微生物和寄生虫的侵袭，羊舍要保持干燥、清洁、通风。

根据本地区常发生传染病的种类及当前疫病流行情况，制定切实可行的免疫程序。按免疫程序进行预防接种，使羊从出生到淘汰都可获得特异性抵抗力，增强肉羊对疫病的抵抗力。空怀和其他肉羊免疫程序见表8-4。

表8-4　空怀和其他肉羊免疫程序表

疫苗名称	疫病种类	时间	免疫剂量	注射部位	备注
三联四防灭活苗	快疫、猝疽、肠毒血症、羔羊痢疾	每年于2月底3月初和9月下旬分2次接种	1头份	皮下或肌内注射	不论羊大小
羊痘弱毒疫苗	羊痘	每年3~4月接种	1头份	尾根内侧皮内注射	不论羊大小
羊布病活疫苗	布氏杆菌病	根据疫情或配种前1个月	1头份	口服	不论羊大小
羊口蹄疫苗	羊口蹄疫	每年3月和9月	1毫升	皮下注射	4月龄~2年
			2毫升		2年以上
口疮弱毒细胞冻干苗	羊口疮	每年3月和9月	0.2毫升	口腔黏膜内注射	不论羊大小
羊传染性胸膜肺炎氢氧化铝菌苗	羊传染性胸膜肺炎		3毫升	皮下或肌内注射	6月龄以下
			5毫升		6月龄以上
羊链球菌氢氧化铝菌苗	羊链球菌病	每年3月和9月	3毫升	羊背部皮下	6月龄以下
			5毫升		6月龄以上

注：①本免疫程序供生产中参考。②每种疫苗的具体使用情况以生产厂家提供的说明书为准。

（四）注意事项

预防接种时要注意以下几点：要了解被预防羊群的年龄、妊娠、泌乳及健康状况，体弱或原来就生病的羊预防后可能会引起各种反应，应说明清楚，或暂时不打预防针；对半月龄以内的羔羊，除紧急免疫外，一般暂不注射；预防注射前，对疫苗有效期、批号及厂家应注意记录，以便备查；对预防接种的针头，应做到一头一换。

四、肉羊检疫和疫病控制

（一）疫病控制和扑灭

肉羊饲养场发生以下疫病时，应依据《中华人民共和国动物防疫法》及时采取以下措施：

第一，立即封锁现场，驻场兽医应及时进行诊断，并尽快向当地动物防疫监督机构报告疫情。

第二，确诊发生口蹄疫、小反刍兽疫时，肉羊饲养场应配合当地动物防疫监督机构，对羊群实施严格的隔离、扑灭措施。

第三，发生痒病时，除了对羊群实施严格的隔离、扑杀措施外，还需追踪调查病羊的亲代和子代。

第四，发生蓝舌病时，应扑杀病羊；如只是血清学反应呈现抗体阳性，并不表现临床症状时，须采取清群和净化措施。

第五，发生炭疽时，应焚毁病羊，并对可能的污染点彻底消毒。

第六，发生羊痘、布鲁氏杆菌病、梅迪/维斯纳病、山羊关节炎/脑炎等疫病时，应对羊群实施清群和净化措施。

第七，全场进行彻底的清洗消毒，病死或淘汰羊的尸体按

GB 16548 进行无害化处理。

（二）产地检疫

产地检疫按 GB 16549 和国家有关规定执行。

（三）疫病监测

当地畜牧兽医行政管理部门必须依照《中华人民共和国动物防疫法》及其配套法规的要求，结合当地实际情况，制订疫病监测方案，由当地动物防疫监督机构实施，肉羊饲养场应积极予以配合。

肉羊饲养场常规监测的疾病至少应包括口蹄疫、羊痘、蓝舌病、炭疽、布鲁氏杆菌病。同时需注意监测外来病的传入，如痒病、小反刍兽疫、梅迪/维斯纳病、山羊关节炎/脑炎等。除上述疫病外，还应根据当地实际情况，选择其他一些必要的疫病进行监测。

根据实际情况由当地动物防疫监督机构定期或不定期对肉羊饲养场进行必要的疫病监督抽查，并将抽查结果报告当地畜牧兽医行政管理部门，必要时还应反馈给肉羊饲养场。

（四）防疫记录

每群肉羊都应有相关的生产防疫记录，其内容包括：羊来源，饲料消耗情况，发病率、死亡率及发病死亡原因，无害化处理情况，实验室检查及其结果，用药及免疫接种情况，消毒情况，羊发运目的地等。所有记录应妥善保存。所有记录应在清群后保存2年以上。建立肉羊卡，做到一羊一卡一号，记录羊的编号、出生日期、外表、生产性能、免疫、检疫、病历等原始资料。肉羊防疫档案记录见表8-5。

表8-5 肉羊防疫档案记录表

肉羊基本情况					
羊号		羊场编号		登记日期	
品种		来源		出生日期	
毛色		初生重（千克）		外貌	

免疫记录				
日期	疫苗名称	接种剂量（毫克、毫升）	接种方法	接种人员

消毒记录					
日期	消毒对象	消毒剂	剂量（毫克、毫升）	消毒方法	消毒人员

疫病监测记录							
日期	布病	口蹄疫	羊痘	羊口疮	羊传染性胸膜肺炎	伪狂犬病	其他

肉羊病史记录					
发病日期	病名	预后情况	实验室检查	原因分析	使用兽药

无害化处理记录					
处理日期	处理对象	处理数量（只）	处理原因	处理方法	处理人员

五、肉羊临床检查

(一) 肉羊临床检查方法

1. 问诊

了解羊群和病羊的生活史与患病史，着重了解以下 3 个方面：一是患羊发病时间和病后主要表现，附近其他羊有无类似疾病发生；二是饲养管理情况，主要了解饲料种类和饲喂量；三是治疗经过，了解用药种类和效果。

2. 视诊

视诊是用眼睛或借助器械观察病羊的各种异常现象，是识别各种疾病不可缺少的方法，特别对大羊群中发现病羊更为重要。视诊时，先观察全貌，如精神、营养、姿势等。然后再由前向后查看，即从头部、颈部、胸部、腹部到臀部及四肢等处，注意观察体表有无创伤、肿胀等现象。最后让病羊运动，观察步行状态。

（1）精神状态　包括面部表情，身体姿态，眼、耳及尾的活动以及防卫性反应等。病羊多数精神沉郁，表现低头闭眼，茫然呆立，反应迟钝。有时出现兴奋状态，狂奔乱跳，嘶鸣吼叫，烦躁不安。健康羊表现为精神敏锐，反应灵活。在病理状态下，由于大脑机能发生障碍，在临床上出现精神兴奋是大脑皮质兴奋性增高的表现，此时对轻微的刺激即表现出强烈的反应。高度兴奋时，病畜狂躁不安，或狂奔乱跳，攻击人畜，高声鸣叫等，见于脑炎、狂犬病，有机磷和有机氯、农药中毒以及神经型酮血病等。羊精神抑制主要有以下类型：①沉郁：病羊对周围事物的注意力减弱，反应迟钝，离群呆立，闭眼低头，不听呼唤，见于许多疾病的过程中。②昏睡：病羊陷入深睡状态，强刺激能使之觉醒，但反应极为迟钝，并很快陷入昏睡状态，见于脑炎及颅内压增高等。③昏迷：病羊倒地，昏迷不醒，意识完全丧失，角膜和瞳孔反射消失，强刺激也无反应，只保持有呼吸和心波动，但心律失常，呼吸节律也多不齐，见于重症脑炎、中毒及肝、肾机能衰竭等，常为愈后不良的征兆。

（2）姿势　一般情况下，病羊会出现一些特异姿势。如患破伤风的病羊四肢张开，头颈僵硬，背直而紧张；患咽喉炎时，头颈伸展而避免运动；患胃肠性腹痛时，则病羊站立不稳，起卧滚转，回头顾腹；患脑炎的病羊，出现盲目运动或圆周运动。

（3）营养　主要检查绒毛状态和肋、臀部肌肉丰满程度，一般将营养分为良好、中等和不良 3 个等级。病羊短期内迅速消瘦的，见于急性热性传染病和剧烈腹泻等；逐渐消瘦的，多因长期营养不良或各种慢性疾病所引起。

（4）被毛及皮肤　健康羊的绒毛，光泽柔润，不易脱落。患慢性消耗性疾病和内寄生虫病过程中，绒毛粗乱无光，干燥易断；患部脱毛，伴有皮肤增厚、变硬、擦伤和啃咬等，见于湿疹或外寄生虫寄生。皮肤检查主要检查皮肤气味、温度、弹性、肿胀和发疹等。

（5）可视黏膜　在临床上主要检查眼结膜。检查羊眼结膜时，以两手拇指打开上、下眼睑进行观察。健康羊眼结膜呈淡粉红色，当兴奋、运动、外界气温高或结膜受刺激时，其色泽变深。眼结膜颜色的病理变化常见的有以下几种情况：①结膜苍白：结膜苍白是贫血的表现。急速苍白见于大失血、肝脾等内脏破裂，逐渐苍白见于慢性消耗性疾病。②结膜潮红：结膜潮红是充血的表现。弥漫性潮红见于眼病、肠炎及各种急性传染病；树枝状充血（结膜血管高度扩张，如同树枝状）常见于脑炎及伴有血液循环严重障碍的心脏病。③结膜黄染：结膜黄染是血液中胆红素量增多的表现，见于肝脏病、胆道阻塞、溶血性疾病和钩端螺旋体病等。④结膜紫绀：结膜紫绀是血液中还原血红蛋白增多的结果，见于伴有心、肺机能障碍的重症病程中。严重贫血时，由于血红蛋白减少，而不出现发绀。此外，结膜有出血点或出血斑，是血管通透性增大所致，见于某些传染病和出血性疾病。眼角附有大量分泌物，是眼结膜分泌亢进的表现。在某些疾病过程中，常出现浆液性、黏液性或脓性分泌物，如结膜炎、感冒、钩端螺旋体病等。

3. 触诊

触诊是利用手的感觉进行检查的一种方法。根据病变的深浅和触诊的目的可分为浅部触诊和深部触诊。浅部触诊的方法是检查者的手放在被检部位上轻轻滑动触摸，可以了解被检部位的温度、湿度和疼痛等；深部触诊是用不同的力量对病羊进行按压，以了解病变的性质。

触诊病变的硬度有以下几种：①捏粉样：柔软如面团，指压留痕，除去压迫后缓慢恢复，见于组织间浆液浸润，如水肿等。②坚实：硬度如肝，见于组织间细胞浸润，如蜂窝组织炎。③坚硬：硬度似骨，如骨瘤。④波动性：柔软有弹性，指压不留痕，有液体移动感，见于组织间液体积留而周围组织弹性减弱时，如血肿、脓肿等。⑤气肿性：压迫柔软稍有弹性，有捻发音，并有气体串动感，见于组织间积聚气体时，如皮下气肿、恶性水肿等。

4. 叩诊

叩诊就是叩打动物体表某部，使之振动发生声音，按其声音的性质以推断被叩组织、器官有无病理改变的一种诊断方法。羊常用指叩诊，根据被叩组织是否含有气体，以及含气量的多少，可出现清音、浊音、半浊音和鼓音。

5. 听诊

直接用耳听取音响的，称为直接听诊，主要用于听取病羊的呻吟、喘息、咳嗽、喷嚏、嗳气、磨牙等声音。用听诊器进行听诊的称为间接听诊，主要用于心、肺及胃肠检查。

心脏听诊是检查心脏的重要方法，一般采用间接听诊法。对羊听诊心脏时，可以听到有节律的类似"通一嗒、通一嗒"的两个性质不同的声音。前一个声音称为缩期心音或第一心音，后一个声音称为张期心音或第二心音。第一心音与第二心音的间隔时间短，而第二心音与下一次第一心音的间隔时间长。在正常情况下，两心音不难区别。在心率过速时，单纯依据心音高低、长短和时间间隔等，不易区别，而要对照心搏动或脉搏是否同时发生来判断。与心搏动或脉搏同时出现的心音为第一心音，与心搏动或脉搏不一致的心音为第二心音。

6. 嗅诊

嗅诊就是借嗅觉器官闻病畜的排泄物、分泌物、呼出气、口腔气味以及深入畜舍了解卫生状况，检查饲料是否霉败等的一种方法。嗅诊在诊断某些疾病时有重要意义。如肺坏疽时，鼻液及呼出气具有难闻的腐败臭味；胃肠炎时粪便恶臭；尿毒症时，皮肤或汗液带有尿臭气味。

（二）肉羊临床检查指标

1. 体温检查

羊的体温在直肠内测定。测定前必须将体温计的水银柱甩至35℃以下，用消毒棉擦拭并涂以润滑剂，然后把体温计缓慢插入肛门内，保持3~5分钟后取出，擦净体温计上的粪便并查看读数（羊正常体温为38~39.5℃，羔羊高出约0.5℃）。剧烈运动或经暴晒的病羊，须休息半小时后再测温。

（1）发热　体温高于正常范围，并伴有各种症状的称为发热。

（2）微热　体温升高 0.5~1℃ 称为微热。

（3）中热　体温升高 1~2℃ 称为中热。

（4）高热　体温升高 2~3℃ 称为高热。

（5）过高热　体温升高 3℃ 以上称为过高热。

（6）稽留热　体温高热持续 3 天以上，上午、下午温差 1℃ 以内，称为稽留热，见于纤维素性肺炎。

（7）弛张热　体温日差在 1℃ 以上而不降至常温的，称弛张热，见于支气管肺炎、败血症等。

（8）间歇热　体温有热期与无热期交替出现，称为间歇热，见于血孢子虫病、锥虫病。

（9）无规律发热　发热的时间不定，变动也无规律，而且体温的温差有时相差不大，有时出现巨大波动，见于渗出性肺炎等。

（10）体温过低　体温在常温以下，见于产后瘫痪、休克、虚脱、极度衰弱和濒死期等。

2. 脉搏检查

羊利用股动脉检脉。检查时，通常用右手的食指、中指及无名指先找到动脉管后，用 3 指轻压动脉管，以感觉动脉搏动，计算 1 分钟的脉搏数（健康羊脉搏数 70~80 次/分钟）。

3. 呼吸检查

（1）呼吸数　也叫呼吸频率，即每分钟的呼吸次数。在安静状态下，胸腹部起伏运动，胸腹壁起伏一次，即呼吸一次（健康羊 12~20 次/分钟），呼吸数增多，临床上最常见。能引起脉搏数增多的疾病，多能引起呼吸数增多，如发热性疾病、各种肺脏疾病、严重心脏病以及贫血等。另外，呼吸疼痛性疾病（胸膜炎、肋骨骨折、创伤性网胃炎、腹膜炎等）也可致使呼吸数增多。呼吸数减少，见于脑积水、产后瘫痪和气管狭窄等。

（2）呼吸运动 ①呼吸式检查：健康山羊一般都是胸腹式呼吸，胸壁和腹壁的运动都比较明显。在病理状态下可出现胸式呼吸（吸气时胸壁运动比较明显）或腹式呼吸（吸气时腹壁的运动比较明显）。②呼吸节律的检查：健康运动的呼吸呈节律性运动。吸气后紧接呼气，经短暂间歇，又行下一次呼吸。

一般吸气短而呼气略长，可因兴奋、恐惧和剧烈运动等而发生改变。如呼吸运动长时间变化，则是病理状态。临床上常见的呼吸节律变化有潮式呼吸、间歇呼吸、深长呼吸3种。

（3）呼吸困难种类 ①吸气性呼吸困难：吸气用力，时间延长，鼻孔开张，头颈伸直，肘向外展，肋骨上举，肛门内陷，并常听到类似哨声样的狭窄音。主要是气息通过上呼吸道发生障碍的结果。见于鼻腔、喉、气管狭窄的疾病和咽淋巴结肿胀等。②呼气性呼吸困难：呼气用力，时间延长，背部拱起，肷窝变平，腹部容积变小，肛门突出，呈明显的二段呼气，于肋骨和软肋骨的结合处形成一条喘沟，呼气越困难喘沟越明显。是肺内空气排出发生障碍的结果，见于细支气管炎和慢性肺气肿等。③混合性呼吸困难：吸气和呼气都困难，而且呼吸加快。由于肺呼吸面积减少，或肺呼吸受限制，肺内气体交换障碍，致使血中二氧化碳蓄积和缺氧而引起，见于肺炎、胸膜炎等疾病。心源性、中毒性等呼吸困难也属于混合性呼吸困难。

4. 采食和饮水检查

在正常情况下，山羊用上唇摄取食物，靠唇舌吮吸把水吸进口内来饮水。

（1）采食障碍　表现为采食方法异常，唇、齿和舌的动作不协调，难把食物纳入口内，或刚纳入口内，未经咀嚼即脱出。见于唇、舌、牙、颅骨的疾病及各种脑病，如慢性脑水肿、脑炎、破伤风、面神经麻痹等。

（2）咀嚼障碍　表现为咀嚼无力或咀嚼疼痛。常于咀嚼突然张口，上下颌不能充分闭合，致使咀嚼不全的食物掉出口外。见于佝偻病、骨软症、放线菌病等。此外，由于咀嚼的齿、颊、口黏膜、下颌骨和咬肌等的疾病，咀嚼时引起疼痛而出现咀嚼障碍。神经障碍，也可出现咀嚼困难或完全不能咀嚼。

（3）吞咽障碍　吞咽时或吞咽后，动物摇头伸颈、咳嗽，由鼻孔逆出混有食物的唾液和饮水，见于咽喉炎、食管阻塞及食管炎。

（4）饮水　在生理情况下饮水多少与气候、运动和饲料的含水量有关。在病理状态下，饮欲可发生变化，出现饮欲增加或饮欲减退。饮欲增加见于热性病、腹泻、大出汗以及渗出性胸膜炎的渗出期。饮欲减退见于伴有昏迷的脑病及某些胃肠病。

5. 瘤胃检查

常采用视诊、触诊、听诊。

（1）视诊　正常时左侧肷窝稍凹陷。瘤胃积食和鼓气时肷窝展平，甚至凸出。肷窝深陷，见于饥饿和长期腹泻等。

（2）触诊　检查瘤胃的收缩次数和强度，可将手掌摊平或半握拳，用力紧贴于左侧肷窝部。正常时，瘤胃收缩次数每两分钟 2~4 次。判定瘤胃内容物的性状及敏感性，宜用冲击式触诊。瘤胃膨胀时，上部腹壁紧张而有弹性，用力强压也难以感知瘤胃内容物性状。前胃弛缓时，内容物柔软。瘤胃积食时，感觉内容物坚实。胃黏膜有炎症时，触诊有疼痛反应。瘤胃收缩无力、次数减少、收缩持续时间短促，表示其运动机能减退，见于前胃弛缓、创伤性网胃炎、热性病以及其他全身性疾病。

（3）听诊　瘤胃蠕动音类似"沙沙"声，在肷窝隆起时最强，以后逐渐减弱。蠕动音加强，表示瘤胃收缩增强。蠕动音减弱或消失，表示前胃弛缓或瘤胃积食等。

6. 排粪检查

正常羊粪呈小而干的球样。粪便稀软甚至水样：表明肠消化机能障碍、蠕动加强，见于肠炎等。粪便硬固或粪便球干小：表明肠管运动机能减退，或肠肌弛缓，水分大量被吸收，见于便秘初期。褐色或黑色粪：前部肠管出血。粪便表面附有鲜红色血液：后部肠管出血。粪呈灰白色：阻塞性黄疸时，由于粪胆素减少，粪便酸臭。腐败臭腥臭时：肠内容物强烈发酵和腐败，见于胃肠炎、消化不良等。腐败中混有虫体：见于胃肠道寄生虫病。

7. 排尿检查

健康羊排尿时，都取一定姿势。当这些特定姿势发生改变时，表明排尿发生障碍。常见的排尿障碍：①尿失禁：羊未取排尿姿势，而经常不自主地排出少量尿液称为尿失禁，见于腰荐部脊髓损伤和膀胱括约肌麻痹。②尿淋漓：尿液不断呈点滴状排出时，称为尿淋漓，是由于排尿机能异常亢进和尿路疼痛刺激而引起，见于急性膀胱炎和尿道炎等。③排尿带痛：动物排尿时表现痛苦不安、努责、呻吟、回顾腹部和摇尾等，排尿后仍长时间保持排尿姿势。排尿疼痛见于膀胱炎、尿道炎和尿路结石等。

六、肉羊药物使用

（一）肉羊给药方法

根据药物的种类、性质、使用目的以及动物的饲养方式，选择适宜的用药方法。临床上一般采用以下给药方法。

1. 个体给药

（1）口服给药　口服给药简便，适合大多数药物，可发挥药物在胃肠道的作用，如肠道抗菌药、驱虫药、制酵药、泻药等，常常采用口服。常用的口服方法有灌服、饮水、混到饲料中喂服、舔服等。应在饲喂前服用的药物有苦味健胃药、收敛止泻药、胃肠解痉药、肠道抗感染药、利胆药。应空腹或半空腹服用的药物有驱虫药、盐类泻药。刺激性强的药物应在饲喂后服用。

（2）注射给药　注射给药优点是吸收完全，药效快。不宜口服的药物，大都可以注射给药。常用的注射方法有皮下注射、肌内注射、静脉注射、静脉滴注，此外还有气管注射、腹腔注射，以及瘤胃、直肠、子宫、阴道、乳管注入等。皮下注射将药物注入颈部或股内侧皮下疏松结缔组织中，经毛细血管吸收，一般10~15分钟即可出现药效；刺激性药物及油类药物不宜皮下注射。肌内注射将药物注入富含血管的肌肉（如臀肌）中，吸收速度比皮下快，一般经5~10分钟即可出现药效。油剂、混悬剂也可肌内注射，刺激性较大的药物，可注于肌肉深部，药量大的应分点注射。静脉注射将药物注入体表明显的静脉中，作用最快，适用于急救、注射大量或刺激性强的药物。

（3）灌肠法　灌肠法是将药物配成液体，直接灌入直肠内，羊可用小橡皮管灌肠。先将直肠内的粪便清除，然后在橡皮前端涂上凡士林，插入直肠内，把橡皮管的盛药部分提高到超过羊的背部。灌肠完毕后，拔出橡皮管，用手压住肛门或拍打尾根部，以防药物排出。灌肠药液的温度，应与体温一致。

（4）胃管法　给羊插入胃管的方法有2种：一是经鼻腔插入，二是经口腔插入。胃管正确插入后，即可接上漏斗灌药。药液灌完后，再灌少量清水，然后取掉漏斗，用嘴吹气，或用橡皮球打气，使胃管内残留的液体完全入胃，用拇指堵住胃管管口，或折叠胃管，慢慢抽出。该法适用于灌服大量水剂及有刺激性的药液。患咽炎、咽喉炎和咳嗽严重的病羊，不可用胃管灌药。

（5）皮肤、黏膜给药　通过皮肤和黏膜吸收药物，使药物在局部或全身发挥治疗作用。常用的给药方法有滴鼻、点眼、刺种、毛囊涂擦、皮肤局部涂擦、药浴、埋藏等。刺激性强的药物不宜用黏膜给药。

2. 群体给药

（1）混饲给药　将药物均匀混入饲料中，让羊吃料时能同时吃进药物，适用于长期投药。不溶于水或适口性差的药物用此法更为恰当。药物与饲料的混合必须均匀，并应准确掌握饲料中药物的浓度。

（2）混水给药　将药物溶解于水中，让羊自由饮用。此法适用于因病不能吃食，但还能饮水的羊。采用此法须注意根据羊可能饮水的量，来计算药量与药液浓度；限制时间饮用药液，以防止药物失效或增加毒性等。

（3）气雾给药　将药物以气雾剂的形式喷出，让羊经呼吸道吸入而在呼吸道发挥局部作用，或使药物经肺泡吸收进入血液而发挥全身治疗作用。若喷雾于皮肤或黏膜表面，则可发挥保护创面、消毒、局麻、止血等局部作用。本法也可供室内空气消毒和杀虫之用。气雾吸入要求药物对羊呼吸道无刺激性，且药物应能溶于呼吸道的分泌液中。

（4）药浴 采用药浴方法杀灭体表寄生虫，但须用药浴的设施。药浴用的药物最好是水溶性的，药浴应注意掌握好药液浓度、温度和浸洗的时间。

（二）肉羊生产药品使用

肉羊必要时进行预防、治疗和诊断疾病所用的兽药必须符合《中华人民共和国兽药典》《中华人民共和国兽药规范》《兽药质量标准》和《进口兽药质量标准》的相关规定。优先使用符合《中华人民共和国兽用生物制品质量标准》《进口兽药质量标准》的疫苗预防肉羊疾病。

允许使用《中华人民共和国兽药典》（二部）及《中华人民共和国兽药规范》（二部）收载的用于羊的兽用中药材、中药成方制剂。允许使用国家畜牧兽医行政管理部门批准的微生态制剂。

（三）药物使用注意事项

严格遵守规定的作用与用途、用法与用量及其他注意事项。严格遵守休药期规定。所用兽药必须来自具有兽药生产许可证和产品批准文号的生产企业，或者具有进口兽药许可证的供应商。所有兽药的标签必须符合《兽药管理条例》的规定。

建立并保存免疫程序记录；建立并保存全部用药的记录，治疗用药记录包括肉羊编号、发病时间及症状、药物名称（商品名、有效成分、生产单位）、给药途径、给药剂量、疗程、治疗时间等；预防或促生长混饲用药记录包括药品名称（商品名、有效成分、生产单位及批号）、给药剂量、疗程等。

禁止使用未经国家畜牧兽医行政管理部门批准的兽药和已经淘汰的兽药。禁止使用《食品动物禁用的兽药及其他化合物清单》中的药物。

第二节　肉羊常见普通病的防治技术

一、羔羊常见病防治

羔羊脐带一般是在出生后的第二天开始干燥，6 天左右脱落，脐带干燥脱落的早晚与断脐的方法、气温及通风条件有关。由于这一时期羔羊身体各方面的机能尚不完善，对外界适应能力差，抗病力低，如果饲养与护理不当，很容易得病。做好初生羔羊疾病的诊疗工作，有着重大的意义。

（一）初生羔羊假死

初生羔羊假死亦称新生羔羊窒息，其主要特征是刚产出的羔羊发生呼吸障碍，或无呼吸而仅有心跳，如抢救不及时，往往死亡。

【病因】分娩时产出期拖延或胎儿排出受阻，胎盘水肿，胎囊破裂过晚，倒生时脐带受到压迫，脐带缠绕，子宫痉挛性收缩等，均可引起胎盘血液循环减弱或停止，使胎儿过早地呼吸，吸入羊水而发生窒息。此外，母羊发生贫血及大出血，使胎儿缺氧和二氧化碳量增高，也可导致本病的发生。

对接产工作组织不当，严寒的夜间分娩时，因无人照料，使羔羊受冻太久；难产时脐带受到压迫，或胎儿在产道内停留时间过长，有时是因为倒生，助产不及时，使脐带受到压迫，造成循环障碍；母羊有病，血内氧气不足，二氧化碳积聚多，刺激胎儿过早地发生呼吸反射，以致将羊水吸入呼吸道。

【症状】羔羊横卧不动，闭眼，舌外垂，口舌发紫，呼吸微弱甚至完全停止；口腔和鼻腔积有黏液或羊水；听诊肺部有湿啰音、体温下降。严重时全身松软，反射消失，只是心脏有微弱跳动。

【预防】 及时进行接产，对初生羔羊精心护理。分娩过程中，如遇到胎儿在产道内停留较久，应及时进行助产，拉出胎儿。如果母羊有病，在分娩时应迅速助产，避免延误而发生窒息。

【治疗】 如果羔羊尚未完全窒息，还有微弱呼吸时，应即刻提着后腿，将羔羊吊起来，轻拍胸腹部，刺激呼吸反射，同时促进排出口腔、鼻腔和气管内的黏液和羊水，并用净布擦干羊体，然后将羔羊泡在温水中，使头部外露。稍停留之后，取出羔羊，用干布片迅速摩擦身体，然后用毡片或棉布包住全身，使口张开，用软布包舌，每隔数秒，把舌头向外拉动1次，使其恢复呼吸动作。待羔羊复活以后，放在温暖处进行人工哺乳。

若已不见呼吸，必须在除去鼻孔及口腔内的黏液及羊水之后，施行人工呼吸。同时注射尼可刹米、洛贝林或樟脑水0.5毫升。也可以将羔羊放入37℃左右的温水中，让头部外露，用少量温水反复洒向心脏区，然后取出，用干布摩擦全身。

（二）胎粪停滞

胎粪是胎儿胃肠道分泌的黏液、脱落的上皮细胞、胆汁及吞咽的羊水经消化作用后，残余的废物积聚在肠道内所形成的。新生羔羊通常在生后数小时内就排出胎粪。如在生后一天不排出胎粪，或吮乳后新形成的粪便黏稠不易排出，新生羔羊便秘或胎粪停滞，此病主要发生在早期的初生羔羊，常见于绵羊羔。

【病因】 如母羊营养不良，引起初乳分泌不足，初乳品质不佳，或羔羊吃不上初乳；新生羔羊孱弱，加上吮乳不足或吃不上初乳，则肠道弛缓无力，胎粪不能排出，即可发生胎粪停滞。

【症状】 羔羊生后一天内未排出胎粪，精神逐渐不振，吃奶次数减少，肠音减弱，且表现不安，即拱背、摇尾、努责，有时还有踢腹、卧地并回顾等轻度腹痛症状。有时症状不明显，偶尔腹痛明显，卧地、前肢抱头打滚。有时羔羊排粪时大声鸣叫；有时出于黏稠粪块堵塞肛门，可继发肠鼓气。之后，精神沉郁，不吃乳。呼吸及心跳加快，肠音消失。全身无力，经常卧地乃至卧地不起，羔羊渐陷于自体中毒状态。

【诊断】为了确诊，可在手指上涂油，进行直肠检查。便秘多发生在直肠和小结肠后部，在直肠内可摸到硬固的黄褐色的粪块。

【预防】怀孕后半期要加强母羊的饲养管理，补喂富有蛋白质、维生素及矿物质的饲料，使羔羊出生后吃到足够的初乳。要随时观察羔羊表现及排便情况，以便早期发现，及时治疗。

【治疗】采用润滑肠道和促进肠道蠕动的方法，不宜给以轻泻剂，以免引起顽固性腹泻。必要时，可用手术排出粪块。

先用温肥皂水 300~500 毫升，及橡皮球进行浅部灌肠，排出近处的粪块，一般效果良好。必要时也可在 2~3 小时后再灌肠一次，也可用橡皮管插入直肠内 20~30 厘米后灌注开塞露 5 毫升，或石蜡油 40~60 毫升。用橡皮球及肥皂水灌肠一般效果良好。

可口服石蜡油 5~15 毫升，或硫酸钠 2~5 克，并同时灌肠酚酞 0.1~0.2 克，效果很好。投药后，按摩和热敷腹部可增强肠道蠕动。

也可施行剖腹术，排出粪块，在左侧腹壁或脐部后上方腹白线一侧选择术部，切口长约 10 厘米。切开腹壁后，伸手入腹腔，将小结肠后部及直肠内的粪块逐个或分段挤压至直肠后部，然后再设法将它排出肛门外，最后缝合腹壁。

如果羔羊有自体中毒现象，必须及时采取补液、强心、解毒及抗感染等治疗措施。

（三）羔羊痢疾

羔羊痢疾是初生羔羊的一种急性传染病。其特征是持续下痢，以羔羊腹泻为主要特征，主要危害 7 日龄以内的羔羊，死亡率很高。其病原一类是厌氧性羔羊痢疾，病原体为产气荚膜梭菌。另一类是非厌氧性羔羊痢疾，病原体为大肠杆菌。

【病因】引起羔羊痢疾的病原微生物主要为大肠杆菌、沙门氏菌、魏氏梭菌、肠球菌等。这些病原微生物可混合感染或单独感染而使羔羊发病。传染途径主要通过消化道，但也可经脐带或伤口传染。本病的发生和流行与怀孕母羊营养不良、羔羊护理不当、产羔季节天气突变、羊舍阴冷潮湿有很大关系。

【症状】自然感染潜伏期为 1~2 天。病羔体温微升高或正常，精神不振，行动不活泼，被毛粗乱，孤立在羊舍一边，低头拱背，不想吃奶，眼睑肿胀，呼吸、脉搏增快，不久则发生持续性腹泻，粪便恶臭，开始为糊状，后变为水样，含有气泡、黏液和血液。粪便颜色不一，有黄、绿、黄绿、灰白等色。到病的后期，常因虚弱、脱水、酸中毒而造成死亡。病程一般 2~3 天。也有的病羔腹胀，排少量稀粪，而主要表现神经症状，四肢瘫软，卧地不起，呼吸急促，口流白沫，头向后抑，体温下降，最后昏迷死亡。剖检主要病变在消化道，肠黏膜有卡他出血性炎症，内有血样内容物，肠肿胀，小肠溃疡。

【诊断】根据羔羊食欲减退、精神萎靡，卧地不起，起初呈黄色稀汤粪便，后来为血样紫黑色稀粪。结合症状可做出诊断。

【预防】加强怀孕母羊及哺乳期母羊的饲养管理，保持怀孕母羊的良好体质，以便产出健壮的羔羊。做好接羔护羔工作，产羔前对产房做彻底消毒，可选用 1%~2% 的热氢氧化钠水或 20%~30% 石灰水喷洒羊舍地面、墙壁及产房一切用具；

冬春季节做好新生羔羊的保温工作。

也可进行药物或疫苗预防。刚分娩的羔羊留在舍内饲养，可口服青霉素片，每天 1～2 片，连服 4～5 天；灌服土霉素，每次 0.3 克，连用 3 天；在羔羊痢疾常发生的地区，可用羔羊痢疾菌苗给妊娠母羊进行 2 次预防接种，第一次，在产前 25 天，皮下注射 2 毫升，第二次在产前 15 天，皮下注射 3 毫升，可获得 5 个月的免疫期。

【治疗】①土霉素、胃蛋白酶各 0.8 克，分为 4 包，每 6 小时加水灌服一次；盐酸土霉素 200 毫克，每 6 小时肌内注射一次，连用 2～3 天；或土霉素、胃蛋白酶各 0.8 克，碱式硝酸铋、鞣酸蛋白各 0.6 克，分为 4 包，每 6 小时加水灌服 1 次，连服 2～3 天。②磺胺脒、胃蛋白酶、乳酶生各 0.6 克，分成 4 包，每 6 小时加水灌服一次，连用 2～3 天；磺胺脒、乳酸钙、碱式硝酸铋、鞣酸蛋白各 1 份，充分混合，日灌服 2 次，每次 1～1.5 克，连服数日；或用呋喃西林 5 克，磺胺脒 25 克，碱式硝酸铋 6 克，加水 100 毫升，混匀，每头每次灌 4～5 毫升，每天 2 次。③严重失水或昏迷的羔羊除用上述药方外，可静脉注入 5% 葡萄糖生理盐水 20～40 毫升，皮下注入阿托品 0.25 毫克。④用胃管灌服 6% 硫磺镁溶液（内含 0.5% 福尔马林）30～60 毫升，6～8 小时后，再灌服 1% 高锰酸钾溶液 1～2 次。⑤中药疗法。一是用乌梅散：乌梅（去核）、炒黄连、郁金、甘草、猪苓、黄芩各 10 克，柯子、焦山楂、神曲各 13 克，泽泻 8 克，干柿饼 1 个（切碎）。将以上各药混合捣碎后加水 400 毫升，煎汤至 150 毫升，以红糖 50 克为引，用胃管灌服，每只每次 30 毫升。如拉稀不止，可再服 1～2 次。二是用承气汤加减：大黄、酒黄芩、焦山楂、甘草、枳实、厚朴、青皮各 6 克，将以上各药混合后研碎加水 400 毫升，再加入朴硝 16 克（另包），用胃管灌服患羔。

（四）羔羊肺炎

由于新生羔羊的呼吸系统在形态和机能上发育不足，神经反射尚未成熟，故最容易发生肺炎。多在早春和晚秋天气多变的季节发生，发病恢复后的羔羊生长发育会受阻。

【病因】羔羊肺炎主要是因为天气剧烈变化，感冒加重所致，并无特殊的病原菌。羔羊肺炎发生的主要原因是羔羊体质不健壮和外界环境不良。

怀孕母羊在冬季营养不足，第二年春季产出的羔羊就会有大批肺炎出现，因为母羊营养不良，直接影响到羔羊先天发育不足，产重不够，抵抗力弱，容易患病。在初乳不足，或者初乳期以后奶量不足，影响了羔羊的健康发育。运动不足和维生素缺乏，也容易患肺炎。另外，圈舍通风不良，羔羊拥挤，空气污浊，对呼吸道产生了不良刺激。酷热或突然变冷，或者夜间羔羊圈舍的门窗关闭不好，受到贼风或低温的侵袭。

【症状】病初咳嗽，流鼻涕，很快发展到呼吸困难，心跳加快，食欲减少或废绝。病羊精神萎靡，被毛粗乱而无光泽，有黏性鼻液或干固的鼻痂。呼吸促迫，每分钟达 60～80 次，有的达到 100 次以上。体温升高，病后的 2～3 天内可高达 40℃以上，听诊有啰音。

【预防】天气晴朗时，让羔羊在棚外活动，接受阳光照射，加强运动，增强对外界环境的适应能力，勤清除棚圈内的污物，更换垫草，使棚舍适当通风，空气新鲜、干燥。给羔羊喂奶时注意温度，务必使羔羊吃饱，增强其抵抗寒冷能力。注意保温，喂给易于消化而营养丰富的饲料，给予充足的清洁饮水。注意怀孕母羊的饲养。供给充足的营养，特别是蛋白质、维生素和矿物质，以保证胎羊的发育，提高羔羊的产重。保证初乳及哺乳期奶量的充足供给。加强管理，减少同一羊舍内羔羊的密度，保证羊舍清洁卫生，注意夜间防寒保暖，避免贼风及过堂风的侵袭，尤其是天气突然变冷时，更应特别注意。当羔羊群中发生感冒较多时，应给全群羔羊服用磺胺甲基嘧啶，以预防继发肺炎。预防剂量可比治疗剂量稍小，一般连用3天，即有预防效果。

【治疗】肌内注射青、链霉素或口服磺胺二甲基嘧啶（每千克体重0.07克）；严重时，静脉滴注50万国际单位四环素葡萄糖液，并配合给予解热、祛痰和强心药物。

（1）及时隔离，加强护理 尽快消除引起肺炎的一切外界不良因素，为病羊提供良好的条件，例如放在宽大而通风良好的圈舍，铺足垫草，保持温暖，以减轻咳嗽和呼吸困难。

（2）应用抗生素或磺胺类药物 磺胺甲基嘧啶采用口服，对于人工哺乳的羔羊，可放在奶中喝下，既没有注射用药的麻烦，又可避免羔羊注射抗生素的痛苦。口服剂量是每只羔羊日服2克，分3~4次，连服3~4天。抗生素疗法，可以肌内注射青霉素或链霉素，也可静脉注射四环素。对于严重病例，还可采用气管注射或胸腔注射。气管注射时，可将青霉素20万国际单位溶于3毫升0.25%盐酸普鲁卡因中，或将链霉素0.5克溶于3毫升蒸馏水中，每天2次。胸腔注射时，可在倒数第6~8肋间、背中线向下4~5厘米处进针1~2厘米，青霉素剂量为：1月龄以内的羔羊10万国际单位，1~3月龄的20万国际单位，每天2次，连用2~3天。在采用抗生素或磺胺类药治疗时，当体温下降以后，不可立即中断治疗，要再用同量或较小量持续应用1~2天，以免复发。因为复发病例的症状更为严重，用药效果也差，故应倍加注意。

（3）中药疗法 如咳嗽剧烈，可用款冬花、桔梗、知母、杏仁、郁金各6克，元参、金银花各8克，水煎后一次灌服；如清肺祛痰，可用黄芩、桔梗、甘草各8克，栀子、白芍、桑白皮、款冬花、陈皮各7克，麦冬、栝楼各6克，水煎后一次灌服。

在治疗过程中，必须注意心脏机能的调节，尤其是小循环的改善，因此可以多次注射咖啡因或樟脑制剂。

（五）羔羊感冒

母羊分娩时，断脐带后，擦干羔羊身上的黏液，用干净的麻袋片等物包好，把羔羊放在保温的暖舍内，卧床上要铺较多的柔软干草，以免羔羊受凉。因天气骤变，突然寒冷，舍内外温差过大或因羊舍防寒设备差，管理不当，受贼风侵袭，常引发羔羊感冒。

【症状】体温升高到 40~42℃，眼结膜潮红，羔羊精神萎靡，不爱吃奶，流浆液性鼻汁，咳嗽，呼吸促迫。

【治疗】在气温寒冷的情况下，10 日内的羔羊应暂不到舍外活动，以防感冒。羔羊患有感冒时，要加强护理，喂给易消化的新鲜青嫩草料，饮清洁的温水，防止再受寒。口服解热镇痛药，或注射安钠咖等针剂。为预防继发肺炎，应注射青霉素等抗生素药物。

二、常见传染病防控技术

（一）口蹄疫防控技术

口蹄疫是由口蹄疫病毒引起的以偶蹄动物为主的急性、热性、高度传染性疫病，世界动物卫生组织（OIE）将其列为必须报告的动物传染病，中国规定为一类动物疫病。

为预防、控制和扑灭口蹄疫，依据《中华人民共和国动物防疫法》《重大动物疫情应急条例》《国家突发重大动物疫情应急预案》等法律法规，制定口蹄疫防治技术规范。

【临床症状】羊跛行；唇部、舌面、齿龈、鼻镜、蹄踵、蹄叉、乳房等部位出现水疱；发病后期，水疱破溃、结痂，严重者蹄壳脱落，恢复期可见瘢痕、新生蹄甲；传播速度快，发病率高；成年动物死亡率低，幼畜常突然死亡且死亡率高。

【病理变化】消化道可见水疱、溃疡；幼畜可见骨骼肌、心肌表面出现灰白色条纹，酷似虎斑。

【疫情处置】对疫点实施隔离、监控，禁止家畜、畜产品及有关物品移动，并对其内、外环境实施严格的消毒措施。必要时应采取封锁、扑杀等措施。

【免疫】第一，国家对口蹄疫实行强制免疫，各级政府负责组织实施，当地动物防疫监督机构进行监督指导。免疫密度必须达到100%。

第二，预防免疫，按原农业部制订的免疫方案规定的程序进行。

第三，所用疫苗必须采用原农业部批准使用的产品，并由动物防疫监督机构统一组织、逐级供应。

第四，所有养殖场、养殖户必须按科学合理的免疫程序做好免疫接种，建立完整免疫档案（包括免疫登记表、免疫证、免疫标识等）。

第五，任何单位和个人不得随意处置及转运、屠宰、加工、经营、食用口蹄疫病（死）畜及产品；未经动物防疫监督机构允许，不得随意采样；不得在未经国家确认的实验室剖检分离、鉴定、保存病毒。

（二）羊痘防治技术

羊痘是一种急性接触性传染病，分布很广，群众称之为"羊天花"或"羊出花"。本病在绵羊及山羊都可发生，也能传染给人。其特征是有一定的病程，通常都是由丘疹到水疱，再到脓疱，最后结痂。绵羊易感性比山羊大，造成的经济损失很严重。除了死亡损失比山羊高以外，还由于病后恢复期较长，致使营养不良，使羊毛的品质变劣；怀孕病羊常常流产；

羔羊的抵抗力较弱，死亡率更大，故应加强防治，彻底扑灭。

【临床症状】发痘前，可见病羊体温升高到 41~42℃，食欲减少，结膜潮红，从鼻孔流出黏性或脓性鼻涕，呼吸和脉搏增快，经 1~4 天后开始发痘。

发痘时，痘疹大多发生于皮肤无毛或少毛部分，如眼的周围、唇、鼻翼、颊、四肢和尾的内面、阴唇、乳房、阴囊及包皮上。山羊大多发生在乳房皮肤和乳头上。开始为红斑，1~2 日形成丘疹，突出皮肤表面，随后丘疹逐渐增大，变成灰白色水疱，内含清亮的浆液。此时病羊体温下降。

在羊痘流行时，由于个体的差异，有的病羊呈现非典型病程，如在形成丘疹后，不再出现其他各期变化；有的病羊病程很严重，痘疹密集，互相融合连成一片，由于化脓菌侵入，皮肤发生坏死或坏疽，全身病状严重；甚至有的病羊，在痘疹聚集的部位或呼吸道和消化道发生出血。这些重病例多死亡。一般典型病程需 3~4 周，冬季较春季为长。如有并发肺炎（羔羊较多）、胃肠炎、败血症等时，病程可延长或早期死亡。

各种不典型的症状：只呈呼吸道及眼结膜的卡他症状，并无痘的发生，这是因为羊的抵抗力特别强大；丘疹并不变成水疱，数日内脱落而消失；脓疱特别多，互相融合而形成大片脓疱，即形成融合痘；有时水疱或脓疱内部出血，羊的全身症状剧烈，形成溃疡及坏死区，称为黑痘或出血痘；若伴发整块皮肤的坏死及脱落，则称为坏疽痘，此型痘通常引起死亡。

【诊断】在典型的情况下，可根据标准病程（红斑、丘疹、水疱、脓疱及结痂）确定诊断。当症状不典型时，可用病羊的痘液接种给健羊进行诊断。鉴别诊断：在液泡及结痂期间，可能误认为是皮肤湿疹或疥癣病，但此二病均无发热等全身症状，而且湿疹并无传染性；疥癣病虽能传染，但发展很慢，并不形成水疱和脓疱，在镜检刮屑物时可以发现螨虫。

【防治】

第一，平时做好羊的饲养管理，圈要经常打扫，保持干燥清洁，抓好秋膘。

冬春季节要适当补饲，做好防寒过冬工作。

第二，在羊痘常发地区，每年定期预防注射羊痘鸡胚化弱毒疫苗，大小羊一律尾内或股内皮下注射 0.5 毫升，山羊皮下注射 2 毫升。

第三，当发生羊痘时，立即将病羊隔离，羊圈及管理用具等进行消毒。对尚未发病羊群，用羊痘鸡胚化弱毒苗进行紧急注射。

第四，对于绵羊痘采用自身血液疗法能刺激淋巴循环系统及器官，特别是网状内皮系统，使其发挥更大的作用，促进组织代谢，增强机体全身及局部的反应能力。

第五，对皮肤病变酌情进行对症治疗，如用 0.1%高锰酸钾洗后，涂碘甘油、紫药水。对细毛羊、羔羊，为防止继发感染，可以肌内注射青霉素 80 万~160 万国际单位，每日 1~2 次，或用 10%磺胺嘧啶 10~20 毫升，肌内注射 1~3 次。用痊愈血清治疗，大羊为 10~20 毫升，小羊为 5~10 毫升，皮下注射，预防量减半。用免疫血清效果更好。

（三）布鲁氏杆菌病防治技术

布鲁氏杆菌病（布氏杆菌病，简称布病）是由布鲁氏菌属细菌引起的人畜共患的常见传染病。中国将其列为二类动物疫病。为了预防、控制和净化布病，依据《中华人民共和国动物防疫法》及有关的法律法规，制定布鲁氏菌病防治技术规范。

【病理变化】主要病变为生殖器官的炎性坏死，脾、淋巴结、肝、肾等器官形成特征性肉芽肿（布病结节）。有的可见关节炎。胎儿主要呈败血症病变，浆膜和黏膜有出血点和出血斑，皮下结缔组织发生浆液性、出血性炎症。

【疫情报告】任何单位和个人发现疑似疫情，应当及时向当地动物防疫监督机构报告。

动物防疫监督机构接到疫情报告并确认后，按《动物疫情报告管理办法》及有关规定及时上报。

【疫情处理】发现疑似疫情，畜主应限制动物移动，对疑似患病动物应立即隔离。

【预防和控制】非疫区以监测为主，稳定控制区以监测净化为主，控制区和疫区实行监测、扑杀和免疫相结合的综合防治措施。

第一，免疫接种。疫情呈地方性流行的区域，应采取免疫接种的方法。疫苗选择布病疫苗 S2 株（以下简称 S2 疫苗）、M5 株（以下简称 M5 疫苗）、S19 株（以下简称 S19 疫苗）以及经原农业部批准生产的其他疫苗。

第二，无害化处理。患病动物及其流产胎儿、胎衣、排泄物、乳、乳制品等按照 GB 16548 进行无害化处理。

第三，消毒。对患病动物污染的场所、用具、物品严格进行消毒。饲养场的金属设施、设备可采取火焰、熏蒸等方式消毒；养畜场的圈舍、场地、车辆等，可选用 2%氢氧化钠等有效消毒药消毒；饲养场的饲料、垫料等，可采取深埋发酵处理或焚烧处理；粪便消毒采取堆积密封发酵方式。皮毛消毒用环氧乙烷、福尔马林熏蒸等。

发生重大布病疫情时，当地县级以上人民政府应按照《重大动物疫情应急条例》有关规定，采取相应的扑灭措施。

三、肉羊常见细菌性猝死症防治技术

引起肉羊猝死的细菌性疾病较多，常见的有羊快疫、羊猝疽、羊肠毒血症、羊炭疽、羊黑疫、肉毒梭菌和链球菌病等。

这些疾病均能引起肉羊的短期内死亡，且症状类似。

（一）羊快疫

【感染途径】在自然条件下，如在死于羊快疫病羊尸体污染的牧场放牧或吞食了被其污染的饲料，都可发生感染。很多降低抵抗力的因素，可致使该病发生，如寒冷、冰冻饲料、绦虫等。

【症状】该病的潜伏期只有几小时，突然发病，在 10～15 分钟内迅速死亡，有时可以延长到 2～12 小时。死前痉挛、鼓胀，结膜急剧充血。常见的现象是羔羊当天表现正常，第二天早晨却发现死亡；其发病症状主要表现为体温升高，食欲废绝，离群静卧，磨牙，呼吸困难，甚至发生昏迷，天然无绒毛部位有红色渗出液，头、喉、舌等部黏膜肿胀，呈蓝紫色，口腔流出带血泡沫，有时发生带血下痢，常有不安、兴奋、突跃式运动或其他神经症状。

【治疗】磺胺类药物及青霉素均有疗效，但由于病期短促，生产中很难生效。

【预防】每年定期应用羊快疫、羊猝疽、羊肠毒血症、羔羊痢疾四联苗预防注射。

羊群中一旦发病，立即将病羊隔离，并给发病羊群全部灌服 0.5% 高锰酸钾溶液 250 毫升或 1% 硫酸铜溶液 80～100 毫升，同时进行紧急接种。

病死羊尸体、粪便和污染的泥土一起深埋，以断绝污染土壤和水源的机会。圈舍用 3% 氢氧化钠彻底消毒。也可以用 20% 漂白粉消毒。

（二）羊猝疽

【症状】以急性死亡、腹膜炎和溃疡性肠炎为特征，十二指肠和空肠黏膜严重充血糜烂，个别区段有大小不等的溃疡灶。常在死后 8 小时内，由于细菌的增殖，于骨骼肌肌间积聚有血样液体，出现肌肉出血，有气性裂孔。以 1~2 岁的绵羊发病较多。

【诊断】本病的流行特点、症状与羊快疫相似，这两种病常混合发生。诊断主要靠肠内容物毒素种类的检查和细菌的定型，其方法见肠毒血症的诊断。

【预防和治疗】同羊快疫和羊肠毒血症。

（三）羊肠毒血症

【症状】以发病急、死亡快、死后肾脏多见软化为特征，又称软肾病、类快疫。

最急性病羊死亡很快。个别呈现刺疏痛症状，步态不稳，呼吸困难，有时磨牙，流涎，短时间内倒地死亡。急性的表现为，病羊食欲消失，下痢，粪便恶臭，带有血液及黏液，意识不清，常呈昏迷状态，经过 1~3 天死亡。有的可能延长，其表现特点有时兴奋，有时沉郁，黏膜有黄疸或贫血。这种情况，虽然可能痊愈，但大多数已失去经济利用价值。

【诊断】病的诊断以流行病学、临床症状和病例剖检为基础，注意个别羔羊突然死亡。剖检见心包扩大，肾脏变软或呈乳糜状。但最根本的方法是细菌学检查。

【预防和治疗】同羊快疫。

（四）炭疽

【症状】潜伏期 1~5 天。根据病程，可分为最急性型、急性型、亚急性型。最急性型：突然昏迷、倒地，呼吸困难，黏膜青紫色，天然孔出血。病程为数分钟至几小时。

急性型：体温达 42℃，少食，呼吸加快，反刍停止，孕羊可流产。病情严重时，惊恐、哞叫，后变得沉郁，呼吸困难，肌肉震颤，步态不稳，黏膜青紫。初便秘，后可腹泻、便血，有血尿。天然孔出血，抽搐痉挛。病程一般1~2天。

亚急性型：在皮肤、直肠或口腔黏膜出现局部的炎性水肿，初期硬，有热痛，后变冷而无痛。病程为数天至1周以上。

【预防】经常发生炭疽的地区，应进行预防注射。未发生过本病的地区在引进羊时要严格检疫，不要买进病羊。尸体要焚烧、深埋，严禁食用；对病羊污染环境可用20%漂白粉彻底消毒。疫区应封锁，疫情完全消灭后14天才能解除。

（五）羊黑疫

羊黑疫又称传染性坏死性肝炎，是一种急性高度致死性毒血症。

【发病特点】以2~4岁、营养好的绵羊多发，山羊也可发生。主要发生于低洼潮湿地区，以春、夏季多发。

【症状】临床症状与羊肠毒血症、羊快疫等极其相似，症程短促。病程长的病例1~2天。常食欲废绝，反刍停止，精神不振，放牧掉群，呼吸急促，体温41℃左右，昏睡俯卧而死。

【防治】病程稍缓的病羊，肌内注射青霉素80万~160万国际单位，1天2次。也可静脉或肌内注射抗诺维氏梭菌血清，一次50~80毫升，连续用1~2次。

控制肝片吸虫的感染，定期注射羊厌氧菌病五联苗，皮下或肌内注射5毫升。发病时一般圈至高燥处，也可用抗诺维氏梭菌血清早期预防，皮下或肌内注射10~15毫升，必要时重复1次。

（六）肉毒梭菌中毒

【病因】肉毒梭菌存在于家畜尸体内和被污染的草料中，该菌在适宜的条件下（潮湿、厌氧，18~37℃）能够繁殖，产生外毒素。羊吞食了含有毒素的草料或尸体后，即会引起中毒。

【症状】中毒后一般表现为吞咽困难，卧地不起，头向侧弯，颈、腹部和大腿肌肉松弛。一般体温正常，多数1天内死亡。最急性的，不表现任何症状，突然死亡。慢性的，继发肺炎，消瘦死亡。

【防治】不用腐败发霉的饲料喂羊，清除牧场、羊舍和周围的垃圾、尸体。定期注射预防类毒素。注射肉毒梭菌抗毒素6万~10万国际单位，投服泻剂清理肠胃，配合对症治疗。

四、结核类疾病防治技术

(一) 山羊结核

【病原】病原为结核杆菌。结核杆菌分为3型，即人型、牛型和禽型。这3种细菌是同一种微生物的变种，是由于长期分别生存于不同机体而适应的结果。结核杆菌对于干燥、腐败作用和一般消毒药的耐受性很强，日光和高温容易杀死本菌，日光照射半小时到两小时死亡，煮沸时5分钟以内即死亡。

【传染途径】这3型杆菌均可感染人畜。主要通过呼吸道和消化道感染。病羊或其他病畜的唾液、粪尿、奶、泌尿生殖道分泌物及体表溃疡分泌物中都含有结核杆菌。结核杆菌进入呼吸道或消化道即可感染。

【症状】山羊结核病症状不明显，一般为慢性病程。轻度感染的病羊没有临床症状，病重时食欲减退，全身消瘦，皮毛干燥，精神不振。常排出黄色稠鼻涕，甚至含有血丝，呼吸带痰音，发生湿性咳嗽。病的后期表现贫血，呼气带臭味，磨牙，喜好吃土。体温升高到40~41℃。

【诊断】主要通过结核菌素点眼和皮内注射试验。

【防治】主要通过检疫，阳性扑杀，使羊群净化。对有价值的种羊须治疗时，可采用链霉素、异烟肼（雷米封）、对氨水杨酸钠或盐酸黄连素治疗。

（二）羊副结核病

【病因】副结核病又称副结核性肠炎、稀屎痨，是牛、绵羊、山羊的一种慢性接触性传染病，分布广泛。在青黄不接、草料供应不上、羊体质不良时，发病率上升。转入青草期，病羊症状减轻，病情大见好转。

【发病特点】副结核分枝杆菌主要存在于病畜的肠道黏膜和肠系膜淋巴结，通过粪便排出，污染饲料、饮水等，经消化道感染健康家畜。幼龄羊的易感性较大，大多在幼龄时感染，经过很长的潜伏期，到成年时才出现临床症状，特别是由于机体的抵抗力减弱，饲料中缺乏无机盐和维生素，容易发病，呈散发或地方性流行。

【症状】病羊腹泻反复发生，稀便呈卵黄色、黑褐色，带有腥臭味或恶臭味，并带有气泡。开始为间歇性腹泻，逐渐变为经常性而又顽固的腹泻，后期呈喷射状排出。有的母羊泌乳少，颜面及下颌部水肿，腹泻不止，最后形销骨立，衰竭而死。病程长短不一，病程4~5天，长的可达70多天，一般是15~20天。

【防治】对疫场（或疫群）可采用以提纯副结核菌素变态反应为主要检疫手段，每年检疫4次，凡变态反应阳性而无临床症状的羊，应立即隔离，并定期消毒；无临床症状但粪便检菌阳性或补给阳性者均扑杀。非疫区（场）应加强卫生措施，引进种羊应隔离检疫，无病才能入群。

（三）山羊伪结核

【病原】病原为假结核棒状杆菌或啮齿类假结核杆菌。不能形成芽孢，容易被杀死，在土壤中不能长期存活，但圈舍的环境有利于本菌的繁殖，因此羊群易发本病。

【传染途径】主要通过伤口传染，尤其是在梳绒剪毛时易发，此外如脐带伤、打耳标等，都可成为细菌侵入的途径。

【症状】最常患病的部位在肩前、股前及头颈部的淋巴结。淋巴结肿胀，内含黄色的豆渣样物。有时发生在睾丸。当肺部患病时，引起慢性咳嗽，呼吸快而费力，咳嗽痛苦，鼻孔流出黏液或脓性黏液。

【诊断】主要根据特殊病灶做出诊断。

【预防】因为该病主要通过伤口感染，所以伤口要严格消毒，梳绒剪毛时受伤机会最大，对有病灶的羊最后梳剪，用具要经常消毒。处理假结核脓肿时，脓汁要消毒处理。

【治疗】外部脓肿切开排脓。在切开脓肿时，间或可能使病原入血，引起其他部分脓肿，但待自行破裂又容易造成脓肿乱散而扩大传染，所以最好是在即将破裂之前人工切开。破裂之前表现为脓肿显著变软，表面被毛脱落，局部皮肤发红。切开排脓清洗后，塞入吸有碘酒的纱布，一般1周即可痊愈。对内脏患病而出现全身症状者，一般治疗无效。

五、肉羊产科病防治技术

（一）流产

流产又称为妊娠中断，是指由于胎儿或母体的生理过程发生紊乱，或它们之间的正常关系受到破坏，而导致的妊娠中断。

【病因及分类】流产的类型极为复杂，可以概括分为3类，即传染性流产、寄生虫性流产和普通流产（非传染性流产或散发性流产）。

传染性和寄生虫性流产：传染性和寄生虫性流产主要是由布氏杆菌、沙门菌、绵羊胎儿弯曲菌、衣原体、支原体、边界病及寄生虫等传染病引起的流产。这些传染病往往是侵害胎盘及胎儿引起自发性流产，或以流产作为一种症状，而发生症状性流产。

普通流产（非传染性流产）：又分自发性流产和症状性流产。自发性流产主要是胚胎或胎盘胎膜异常导致的流产，是由内因引起；症状性流产主要是由于饲养管理不当，损伤及医疗错误引起的流产，属于外因造成的流产。

【诊断】引起流产的原因是多种多样的，各种流产的症状也有所不同。除了个别病例的流产在刚一出现症状时可以实行抑制以外，大多数流产一旦有所表现，往往无法阻止。尤其是群牧羊，流产常常是成批的，损失严重。因此在发生流产时，除了采用适当治疗方法，以保证母羊及其生殖道的健康以外，还应对整个畜群的情况进行详细调查分析，观察排出的胎儿及胎膜，必要时采样进行实验室检查，尽量做出确切的诊断，然后提出有效的具体预防措施。

调查材料应包括饲养放牧条件及制度（确定是否为饲养性流产）；管理及生产情况，是否受过伤害、惊吓，流产发生的季节及天气变化（损伤性及管理性流产）；母羊是否发生过普通病，畜群中是否出现过传染性及寄生虫性疾病；治疗情况如何，流产时的妊娠月份，母羊的流产是否带有习惯性等。

对排出的胎儿及胎膜，要进行细致观察，注意有无病理变化及发育反常。在普通流产中，自发性流产表现有胎膜上的反常及胎儿畸形；霉菌中毒可以使羊膜发生水肿、皮革样坏死，胎盘也水肿、坏死并增大。由于饲养管理不当、损伤及母羊疾病、医疗事故引起的流产，一般都看不到明显变化。有时正常出生的胎儿，胎膜上出现有钙化斑等异常变化。

传染性及寄生虫性的因素引起的流产，胎膜及（或）胎儿常有病理变化。如因布氏杆菌病引起流产的胎膜及胎盘上常有棕黄色黏脓性分泌物，胎盘坏死、出血，羊膜水肿并有皮革样的坏死区；胎儿水肿，胸腹腔内有淡红色的浆液等。上述流产后常发生胎衣不下。具有这些病理变化时，应将胎儿（不要打开，以免污染）、胎膜以及子宫或阴道分泌物送实验室诊断检验，有条件时应对母羊进行血清学检查。症状性流产，则胎膜及胎儿没有明显的病理变化。对于传染性的自发性流产，应将母羊的后躯及所污染的地方彻底消毒，并将母羊隔离饲养。

【预防】加强饲养管理，增强母羊营养，除去容易造成母羊流产的因素是预防的关键。当发现母羊有流产预兆时，应及时采取制止阵缩及努责的措施，可注射镇静药物，如苯巴比妥、水合氯醛、黄体酮等进行保胎。用疫苗进行免疫，特别是可引起流产的传染病疫苗。

制定一个生物安全方案，引进的羊群在归群之前，隔离1个月；维持好的身体状况，提供充足的饲料，高质量的维生素矿物质盐混合物，储备一些能量和蛋白质，以备紧急情况下使用；在流行地区分娩前4个月和2个月分别免疫衣原体和弧菌病（可能还有其他疾病），如果以前免疫过，免疫一次即可；怀孕期间，饲喂四环素（200~400毫克/天），将药物混在矿物质混合物中。

避免与牛和猪接触，饲料和饮水不能被粪尿污染，不要将饲料放到地上，减少鼠、鸟和猫的数量。发生流产后，立即将胎儿的样品（包括胎盘）送往诊断实验室诊断。将产出的羔羊和买来的母羊与其他羊分开饲养。发生流产后立即做出反应（诊断、处理流产组织，隔离流产母羊，治疗其他羊），使羊群尽量生活在一个干净、应激少、宽松的环境。

【治疗】首先应确定造成流产的原因以及能否继续妊娠，再根据症状确定治疗方案。

（1）先兆流产　孕羊出现腹痛、起卧不安、呼吸脉搏加快等临床症状，即可能发生流产。处理的原则为安胎，使用抑制子宫收缩药，为此可采用如下措施：

肌内注射黄体酮。10~30 毫克，每天或隔天 1 次，连用数次。为防止习惯性流产，也可在妊娠的一定时间使用黄体酮。还可注射 1%硫酸阿托品 1~2 毫升。

同时，要给予镇静剂，如溴剂等。此时禁止进行阴道检查，以免刺激母羊。

如经上述处理，病情仍未稳定下来，阴道排出物继续增多，起卧不安加剧，即进行阴道检查。如子宫颈口已经开放，胎囊已进入阴道或已破水，流产已难避免，应尽快促使子宫排出内容物，以免死亡胎儿腐败引起母羊子宫内膜炎，影响以后繁殖性能。

如子宫颈口已经开大，可用手将胎儿拉出。流产时，胎儿的位置及姿势往往反常，如胎儿已经死亡，矫正遇有困难，可以行使截胎术。如子宫颈口开张不大，手不易伸入，可参考人工引产中所介绍的方法，促使子宫颈开放，并刺激子宫收缩。对于早产胎儿，如有吮乳反射，可尽量加以挽救，帮助吮乳或人工喂奶，并注意保暖。

（2）延期流产　如胎儿发生干尸化，可先用前列腺素或类似物制剂，前列腺素肌内注射 0.5 毫克或氯前列烯醇肌内注射 0.1 毫克；继之或同时应用雌激素，溶解黄体并促使子宫颈扩张。同时因为产道干涩，应在子宫及产道内涂以润滑剂，以便子宫内容物易于排出。

对于干尸化胎儿，由于胎儿头颈及四肢蜷缩在一起，且子宫颈开放不大，必须用一定力量或预先截胎才能将胎儿取出。

如胎儿浸溶，软组织已基本液化，须尽可能将胎骨逐块取净。分离骨骼有困难时，须根据情况先将它破坏后再取出。操作过程中，术者须防止自己受到感染。

取出干尸化及浸溶胎儿后，因为子宫中留有胎儿的分解组织，必须用消毒液或 5%~10% 盐水等冲洗子宫，并注射子宫收缩药，促使液体排出。对于胎儿浸溶，因为有严重的子宫炎及全身变化，必须在子宫内放入抗生素，并须特别重视全身抗生素治疗，以免造成不育。

(二) 难产

【病因及分类】难产的发病原因比较复杂，基本上可以分为普通病因和直接病因两大类。普通病因指通过影响母体或胎儿而使正常的分娩过程受阻。引起难产的普通病因主要包括遗传因素、环境因素、内分泌因素、饲养管理因素、传染性因素及外伤因素等。直接病因指直接影响分娩过程的因素。由于分娩的正常与否主要取决于产力、产道及胎儿 3 个方面，因此难产按其直接原因可以分为产力性难产、产道性难产及胎儿性难产 3 类，其中前两类又可合称为母体性难产。

【助产的基本原则】在手术助产时，必须重视以下基本原则。

(1) 及早发现，果断处理　当发现难产时，应及早采取助产措施。助产越早，效果越好。难产病例均应做急诊处理，手术助产越早越好，尤其是剖腹产术。

(2) 术前检查，拟订方案　术前检查必须周密细致，根据检查结果，结合设备条件，慎重考虑手术方案的每个步骤及相应的保定、麻醉等，通常的保定是使母羊成为前低后高或仰卧 (有时) 姿势，把胎儿推回子宫内进行矫正，以便于操作。

(3) 根据具体情况决定助产方式　如果胎膜未破，最好不要弄破胎膜进行助产。如胎儿的姿势、方向、位置复杂时，就需要将胎膜穿破，及时进行助产。如胎膜破裂时间较长，产道变干，就需要注入石蜡油或其他油类，以利于助产手术的进行。

（4）注意尽量保护母羊生殖道受到最小损伤 将刀子、钩子等尖锐器械带入产道时，必须用手保护好，以免损伤产道。进行手术助产时，所有助产动作都不要过于粗鲁。一般来说，只要不是胎儿过大或母体过度疲乏，仅仅需要将胎儿向内推，校正反常部分，即可自然产出。如果需要人力拉出，也应缓缓用力，使胎儿的拉出和自然产出一样。

【助产准备】

（1）术前检查 询问羊分娩的时间，是初产或经产，看胎膜是否破裂，有无羊水流出，检查全身状况。

（2）保定母羊 一般使羊侧卧，保持安静，前躯低、后躯稍高，以便于矫正胎位。

（3）消毒 对手臂、助产用具进行消毒；对阴户外周，用1：5 000的新洁尔灭溶液进行清洗。

（4）产道检查 注意产道有无水肿、损伤、感染，产道表面干燥和湿润状。

（5）胎位、胎儿检查 确定胎位是否正常，判断胎儿死活。胎儿正产时，手入阴道可触到胎儿嘴巴、两前肢、两前肢中间挟着胎儿的头部；当胎儿倒生时，手入产道可发现胎儿尾巴、臀部、后路及脐动脉。以手指压迫胎儿，如有反应表示尚还存活。

（6）助产的方法 常见难产部位有头颈侧弯、头颈下弯、前肢腕关节屈曲、肩关节屈曲、肘关节屈曲、胎儿下位、胎儿横向和胎儿过大等；可按不同的异常产位将其矫正，然后将胎儿拉出产道。多胎羊，应注意怀羔数目，在助产中认真检查，直至将全部胎儿助产完毕，方可将母羊归群。

（7）剖腹产 子宫颈扩张不全或子宫颈闭锁，胎儿不能产出，或骨骼变形，致使骨盆腔狭窄，胎儿不能正常通过产道，在此情况下，可进行剖腹产术，急救胎儿，保护母羊安全。

（8）阵缩及努责微弱的处理　可皮下注射垂体后叶素、麦角碱注射液1~2毫升。必须注意，麦角制剂只限于子宫颈完全开张，胎势、胎位及胎向正常时使用，否则易引起子宫破裂。

羊怀双羔时，可遇到双羔同时各将一肢伸出产道，形成交叉的情况。由此形成的难产，应分清情况，可触摸腕关节确定前肢，触摸跗关节确定后肢。确定难产羔羊体位后，可将一只羔羊的肢体推回腹腔，先整顺一只羔羊的肢体，将其拉出产道，随后再将另一只羔羊的肢体整顺拉出。切忌将两只羔羊的不同肢体，误认为同一只羔羊的肢体，施行助产。

（三）剖腹产

剖腹产术是在发生难产时，切开腹壁及子宫壁面从切口取出胎儿的手术。必要时山羊和绵羊均可施行此术。如果母羊全身情况良好，手术及时，则有可能同时救活母羊和胎儿。

【适应症】剖腹产术主要在发生以下情况时采用：无法纠正的子宫扭转，子宫颈管狭窄或闭锁，产道内有妨碍截胎的赘瘤或骨盆因骨折而变形，骨盆狭窄（手无法伸入）及胎位异常等情况。

有腹膜炎、子宫炎和子宫内有腐败胎儿，母羊因为难产时间长久而十分衰竭时，严禁进行剖腹产。

（1）术前准备　在右肷部手术区域（由髋结节到肋骨弓处）剪毛、剃光，然后用温肥皂水洗净擦干。保定消毒，使羊卧于左侧保定，用碘酒消毒皮肤，然后盖上手术巾，准备施行手术。麻醉，可以采用合并麻醉或电针麻醉。合并麻醉是口服酒精做全身麻醉，同时对术区进行局部麻醉。口服的酒精应稀释成40%，每10千克体重按35~40毫升计算（也可用白酒，用量相同）。局部麻醉是用 0.5% 的普鲁卡因沿切口做浸润麻醉，用量根据需要而定。电针麻醉，取穴百会及六脉。百会接阳极，六脉接阴极。诱导时间为 20~40 分钟。针感表现是腰臀肌颤动，肋间肌收缩。

（2）手术过程

1）开腹　沿腹内斜肌纤维的方向切开腹壁。切口应距离髋结节 10 厘米。在切开线上的血管用钳夹法和结扎法进行止血。显露腹腔后，术者手经切口伸入腹腔内，探查胎儿的位置及与切口最近的部位，以确定子宫切开的方法。

2）显露子宫　术者手经切口向骨盆方向入手，找到大网膜的网膜上隐窝，用手拉着网膜及其网膜上隐窝内的肠管，向切口的前方牵引，使网膜及肠管移入切口前方，并用生理盐水纱布隔离，以防网膜和肠管向后复位，此时切口内可充分显露子宫及其子宫内的胎儿。当网膜不能向前方牵引时，可将大网膜切开，再用生理盐水纱布将肠管向前方隔离后，显露子宫。

3）切开子宫　术者将手伸入腹腔，转动子宫，使孕角的大弯靠近腹壁切口。然后切开子宫角，并用剪刀扩大切口长度。切开子宫角时，应特别注意，不可损伤子叶和到子叶去的大血管。为了确定子叶的位置，在切开子宫时，要始终用手指伸入子宫来触诊子叶。对于出血很多的大血管，要用肠线缝合或结扎。

4）吸出胎水　在术部铺一层消毒的手术巾，以钳子夹住胎膜，在上面切一个很小的切口，然后插入橡皮管，通过橡皮管用橡皮球或大注射器吸出羊水和尿水。

5）拉出胎儿　待羊水放完后，术者手伸入子宫腔内，抓住胎儿的肢体，缓慢地向子宫切口外拉出，拉出胎儿需术者与助手相互配合好，严防在拉出胎儿时导致子宫壁的撕裂，严防肠管脱出腹腔外。在胎儿从子宫内拉出的瞬间，告诉在场的人员用两手掌压迫右腹部以增大腹内压，以防胎儿拉出后由于腹内压的突然降低而引起脑贫血、虚脱等意外情况的发生。

对于拉出的胎儿，首先要除去口、鼻内的黏液，擦干皮肤。看到发生几次深吸气以后，再结扎和剪断脐带。假如没有呼吸反射，应该在结扎以前用手指压迫脐带，直到脐带的脉搏停止为止。此法配合按压胸部和摩擦皮肤，通常可以引起吸气。在出现吸气之后，剪断脐带，交给其他助手进行处理。

6）剥离胎衣　在取出胎儿以后，应进行胎衣剥离。剥离往往需要费很多时间，颇为麻烦。但与胎衣留在子宫内所引起的不良后果相比，还是非常必要的操作。

为了便于剥离胎衣，在拉出胎儿的同时，应该静脉注射垂体后叶素或皮下注射麦角碱，如果在子宫腔内注满 5% ~ 10%的氯化钠溶液，停留 1 ~ 2 分钟，也有利于胎衣的剥离。最后将注射的液体用橡皮管排出来。

7）冲洗子宫　剥完胎衣之后，用生理盐水将子宫切口的周围充分洗擦干净。如果切口边缘受到损伤，应该切去损伤部，使其成为新伤口。

8）缝合子宫　第一层用连续康乃尔氏缝合，缝毕，用生理盐水冲洗子宫，再转入第二层的连续伦巴特缝合。缝毕，再使用生理盐水冲洗子宫壁，清理子宫壁与腹壁切口之间的填塞纱布后，将子宫还纳回腹腔内。

9）缝合腹壁　拉出胎儿后，腹内压减小了，腹壁切口都比较好闭合，若手术中间因瘤胃鼓气使腹内压增大闭合切口十分困难时，应通过瘤胃穿刺放气减压或插胃管瘤胃减压后再闭合腹壁切口。第一层对腹膜腹横肌进行连续缝合，第二层腹直肌连续缝合，第三层结节缝合腹黄筋膜，最后对皮肤及皮下组织进行结节缝合，并打以结系绷带。

（3）术后护理　肌内注射青霉素，静脉注射葡萄糖盐水，必要时还应注射强心剂。保持术部的清洁，防止感染化脓。经常检查病羊全身状况，必要时应施行适当的症状疗法。如果伤口愈合良好，手术10天以后即可拆除缝合线；为了防止创口裂开，最好先拆一针留一针，3~4天后将其余缝线全部拆除。

　　【预后】绵羊的预后比山羊好。手术进行越早，预后越好。

第九章　生态健康养殖肉羊安全生产加工技术

肉羊屠宰前主要进行口蹄疫、痒病、小反刍兽疫、绵羊痘和山羊痘、炭疽、布病、肝片吸虫病、棘球蚴病的检疫。

为适应羊肉对外贸易的需要，保障国内羊肉安全消费，应对羊肉安全突发事件，必须构建羊肉的质量安全可追溯系统。

第一节　羊肉质量安全可追溯体系的建立

国际食品法典委员会（CAC）与国际标准化组织 ISO 把可追溯性的概念定义为"通过登记的识别码，对商品或行为的历史和使用或位置予以追踪的能力"。可追溯性是利用已记录的标志追溯产品的历史、应用情况、所处场所或类似产品或活动的能力。欧盟委员会关于食品可追溯性的定义是指在生产、加工及销售的各个环节中，对食品、饲料、食用性禽畜及有可能成为食品或饲料组成成分的所有物质的追溯或追踪能力。

羊肉产品可追溯是指从养殖到屠宰、加工、运输再到销售的整个过程跟踪产品特性的记录体系，应该包括信息采集系统、信息管理与维护系统和信息查询系统。可追溯系统是一个集数据与传输、数据处理、空间管理及远程通信等功能于一体的计算机综合管理网络系统。

一、需求分析

随着羊肉产品贸易的全球化，有关羊肉产品安全的恶性、突发事件呈迅速扩展和蔓延之势。因此，有必要建立一套完善的安全信息追踪溯源系统，实现羊肉供应链透明化管理。结合当前形势需求和技术现状，本系统应具有如下功能：

1. 信息采集

信息系统的首要任务是把分散在农产品供应链内外各处的数据收集并记录下来，整理成农产品供应链追溯信息系统要求的格式和形式。数据的收集与录入是整个信息系统的基础，因此，信息采集按照信息分类的原则，采集从羊养殖到加工生产过程中的个体羊标志代码、基本生产信息、安全检测信息等。

2. 信息交换

可追溯系统需要将产品的物流和信息交换联系起来，为了确保信息流的连续性，每一个供应链的参与方必须将预定义的可跟踪数据传递给下一个参与方，使后者能够应用可跟踪原则。供应链各个节点之间信息交换根据实际情况可有多种方式，包括电子数据、电子表格交换、电子邮件、物理电子数据支持介质和确切信息输入方式等。

3. 数据管理与维护

信息管理的首要任务是保证数据的完整性和可靠性。实现数据备份，数据的导入、导出，加强数据安全性。因此，除了必须提供完善的数据维护备份和清除等例行功能外，还要提供数据浏览和系统数据总检验等手段。

4. 信息查询

信息系统应提供灵活、及时的动态查询，包括两类查询功能：基本信息查询、安全监测信息查询。所有查询结果均可以屏幕显示并按用户选择进行打印输出。

二、系统的模块划分及各模块功能描述

1. 系统的模块划分

羊肉生产全过程，通常可分为养殖、屠宰加工、储运和销售4个阶段。因此，羊肉可追溯系统分为养殖场系统、屠宰加工系统、运输系统和销售、信息查询系统及系统维护管理系统5个应用模块。可追溯的基本条件是个体标志，因此，需要建立一个"肉羊个体标志管理子系统"。养殖场管理系统和屠宰加工厂管理系统两个模块中均有"个体标志管理子系统"；肉羊的养殖及屠宰加工过程中，为了对肉羊进行监测，应该建立一个"安全监测子系统"，以及为安全监管提供依据的"标准和法规子系统"；为了满足追溯要求，能够跟踪羊肉生产的历史记录，各模块中都包含一个"档案管理子系统"；销售阶段，为消费者在购买产品时提供产品安全生产全过程的信息，需要建立一个"信息查询系统"。

2. 各模块功能分析

（1）养殖场管理系统　主要包括建立肉羊的基本信息档案，并用电子标签标志饲养管理、防疫管理及疾病管理。养殖阶段主要对兽药、饲料、消毒产品以及养殖环境进行监测，相对应的标准和法规也分为兽药、饲料和环境3类。

（2）屠宰、加工管理系统　屠宰加工阶段是整个生产过程中最复杂的一个环节，时间短，环节多。屠宰阶段主要对活羊检疫、羊肉检验、屠宰环境进行监测，对违规现象进行整改。

（3）运输管理系统　主要对运输阶段的信息进行管理。其中与地点转换有关的档案包括羊运输记录和羊肉运输记录。

（4）销售、信息查询系统　销售阶段的可追溯重点在用

户对历史记录的查询上，主要为消费者提供食品数据信息。

（5）系统维护管理系统　系统维护管理子系统是公共模块，在各模块中，包括硬件维护、数据维护、软件维护，实现数据的备份和恢复、用户管理和权限管理等功能。

第二节　肉羊的屠宰前检疫及屠宰规范

一、肉羊屠宰前检疫规范

（一）入场（厂、点）检查

查验入场（厂、点）羊的动物检疫合格证明和佩戴的畜禽标志。询问了解羊运输途中有关情况。临床检查羊群的精神状况、外貌、呼吸状态及排泄物状态等情况。

动物检疫合格证明有效，证物相符，畜禽标志符合要求，临床检查健康，方可入场，并回收动物检疫合格证明。场（厂、点）方须按产地分类将羊送入待宰圈，不同货主、不同批次的羊不得混群。不符合条件的，按国家有关规定处理。

监督货主在卸载后对运输工具及相关物品等进行清洗消毒。

（二）检疫申报

场（厂、点）方应在屠宰前申报检疫，填写检疫申报单。官方兽医接到检疫申报后，根据相关情况决定是否予以受理。受理的，应当及时实施宰前检查；不予受理的，应说明理由。

（三）宰前检查

屠宰前2小时内，官方兽医应按照《反刍动物产地检疫规程》中"临床检查"部分实施检查。合格的，准予屠宰。不合格的，按以下规定处理。

发现有口蹄疫、痒病、小反刍兽疫、绵羊痘和山羊痘、炭疽等疫病症状的，限制移动，并按照《中华人民共和国动物防疫法》《重大动物疫情应急条例》《动物疫情报告管理办法》和《病害动物和病害动物产品生物安全处理规程》等有关规定处理。

发现有布病症状的，病羊按布鲁菌病防治技术规范处理，同群羊隔离观察，确认无异常的，准予屠宰。

怀疑患有本规程规定疫病及临床检查发现其他异常情况的，按相应疫病防治技术规范进行实验室检测，并出具检测报告。实验室检测须由省级动物卫生监督机构指定的具有资质的实验室承担。

发现患有本规程规定以外疫病的，隔离观察，确认无异常的，准予屠宰；隔离期间出现异常的，按《病害动物和病害动物产品生物安全处理规程》等有关规定处理。

确认为无碍于肉食安全且濒临死亡的羊，视情况进行急宰。

监督场（厂、点）方对处理病羊的待宰圈、急宰间以及隔离圈等进行消毒。

（四）同步检疫

与屠宰操作相对应，对同一头羊的头、蹄、内脏、胴体等统一编号进行检疫。

1. 头蹄部检查

（1）头部检查　检查鼻镜、齿龈、口腔黏膜、舌及舌面有无水疱、溃疡、烂斑等。必要时剖开下颌淋巴结，检查形状、色泽及有无肿胀、淤血、出血、坏死灶等。

（2）蹄部检查　检查蹄冠、蹄叉皮肤有无水疱、溃疡、烂斑、结痂等。

2. 内脏检查

取出内脏前，观察胸腔、腹腔有无积液、粘连、纤维素性渗出物。检查心脏、肺脏、肝脏、胃肠、脾脏、肾脏，剖检支气管淋巴结、肝门淋巴结、肠系膜淋巴结等，检查有无病变和其他异常。

（1）心脏检查　心脏的形状、大小、色泽及有无淤血、出血等。必要时剖开心包，检查心包膜、心包液和心肌有无异常。

（2）肺脏检查　两侧肺叶实质、色泽、形状、大小及有无淤血、出血、水肿、化脓、粘连、包囊砂、寄生虫等。剖开一侧支气管淋巴结，检查切面有无淤血、出血、水肿等。

（3）肝脏检查　肝脏大小、色泽、弹性、硬度及有无大小不一的突起。剖开肝门淋巴结，切开胆管，检查有无寄生虫（肝片吸虫病）等。必要时剖开肝实质，检查有无肿大、出血、淤血、坏死灶、硬化、萎缩等。

（4）肾脏　剥离两侧肾被膜（两刀），检查弹性、硬度及有无贫血、出血、淤血等。必要时剖检肾脏。

（5）脾脏　检查弹性、颜色、大小等。必要时剖检脾实质。

（6）胃和肠检查　浆膜面及肠系膜有无淤血、出血、粘连等。剖开肠系膜淋巴结，检查有无肿胀、淤血、出血、坏死等。必要时剖开胃肠，检查有无淤血、出血、胶样浸润、糜烂、溃疡、化脓、结节、寄生虫等，检查瘤胃肉柱表面有无水疱、糜烂或溃疡等。

3. 胴体检查

检查皮下组织、脂肪、肌肉、淋巴结以及胸腔、腹腔浆膜有无淤血、出血以及疹块、脓肿和其他异常等。

4. 淋巴结检查

颈浅淋巴结（肩前淋巴结）在肩关节前稍上方剖开臂头肌、肩胛横突肌下的一侧颈浅淋巴结，检查切面形状、色泽及有无肿胀、淤血、出血、坏死灶等。髂下淋巴结（股前淋巴结、膝上淋巴结）剖开一侧淋巴结，检查切面形状、色泽、大小及有无肿胀、淤血、出血、坏死灶等。必要时检查腹股沟深淋巴结。

5. 复检

官方兽医对上述检疫情况进行复查，综合判定检疫结果。

（五）结果处理

合格的由官方兽医出具动物检疫合格证明，加盖检疫验讫印章，对分割包装肉品加施检疫标志。不合格的，由官方兽医出具动物检疫处理通知单。

发现患有本规程规定以外疫病的，监督场（厂、点）方对病羊胴体及副产品按《病害动物和病害动物产品生物安全处理规程》处理，对污染的场所、器具等按规定实施消毒，并做好生物安全处理记录。监督场（厂、点）方做好检疫病害动物及废弃物无害化处理。官方兽医在同步检疫过程中应做好卫生安全防护。

（六）检疫记录

官方兽医应监督指导屠宰场（厂、点）方做好待宰、急宰、生物安全处理等环节各项记录。官方兽医应做好入场监督查验、检疫申报、宰前检查、同步检疫等环节记录。检疫记录应保存12个月以上。

二、肉羊屠宰规范

羊的屠宰方法和技术高低，直接关系着羊肉和羊皮的品质。目前有手工屠宰方法和现代化屠宰方法。肉羊屠宰相关术语和定义如下：

羊屠体：羊屠宰、放血后的躯体。

羊胴体：羊屠体去皮、头、蹄、尾、内脏及生殖器（母羊去乳房）的躯体。

二分体羊肉：将羊胴体沿脊椎中线纵向锯（劈）成两半的胴体。

内脏：白内脏，羊的胃、肠、脾；红内脏，羊的心、肝、肺、肾。

四分体羊前（前四分体）：将羊胴体横截成四分体后的前段部位羊肉。

四分体羊后（后四分体）：将羊胴体横截成四分体后的后段部位羊肉。

（一）送宰

待宰羊应来自非疫区，健康良好，并有产地兽医检疫合格证明。屠宰前12小时断食并喂1%食盐水，使畜体进行正常的生理机能活动，调节体温，促进粪便排泄，放血完全。活羊进厂（点）后停食，充分饮水休息，宰前3小时断水。送宰羊应由兽医检疫人员签发准宰证后方可宰杀。

（二）淋浴

待宰前羊体充分沐浴，体表无污垢。冬季水温接近羊的体温，夏季不低于20℃。一般在屠宰车间前部设淋浴器，冲洗羊体表面污物。羊通过赶羊道时，应按顺序赶送，不能用硬器驱打羊体。

（三）致昏

采用电麻将羊击晕，防止因恐怖和痛苦刺激而造成血液剧烈地流集于肌肉内而致使放血不完全，以保证肉的品质。羊的麻电器与猪的手持式麻电器相似，前端形如镰刀状为鼻电极，后端为脑电极。麻电时，手持麻电器将前端扣在羊的鼻唇部，后端按在耳眼之间的延脑区即可。手工屠宰法不进行击晕过程，而是提升吊挂后直接宰杀。

（四）宰杀

1. 挂羊

用高压水冲洗羊腹部、后腿部及肛门周围。用扣脚链扣紧羊的右后小腿，匀速提升，使羊后腿部接近输送机轨道，然后挂至轨道链钩上。挂羊要迅速，从击昏到放血之间的时间间隔不超过 1.5 分钟。

2. 放血

从羊喉部下刀，横切断食管、气管和血管。采用伊斯兰"断三管"的屠宰方法，由阿訇主刀。刺杀放血刀应每次消毒，轮换使用。放血完全，放血时间不少于 3 分钟。

3. 缩扎肛门

冲洗肛门周围。将橡皮筋盘套在左臂上，将塑料袋反套在左臂上，左手抓住肛门并提起，右手持刀将肛门沿四周割开并剥离，随割随提升，提高至 10 厘米左右。将塑料袋翻转套住肛门，用橡皮筋扎住塑料袋，将结扎好的肛门送回深处。

（五）剥皮

1. 剥后腿皮

从跗关节下刀，刀刃沿后腿内侧中线向上挑开羊皮。沿后腿内侧线向左右两侧剥离，从跗关节上方至尾根部羊皮。

2. 去后蹄

从跗关节下刀，割断连接关节的结缔组织、韧带及皮肉，割下后蹄，放入指定的容器中。

3. 剥胸腹部皮

用刀将羊胸腹部皮沿胸腹中线从胸部挑到裆部，沿腹中线向左右两侧剥开胸腹部羊皮至肷窝止。

4. 剥颈部及前腿皮

从腕关节下刀，沿前腿内侧中线挑开羊皮至胸中线，沿颈中线自下而上挑开羊皮，从胸颈中线向两侧进刀，剥开胸颈部皮及前腿皮至两肩止。

5. 去前蹄

从腕关节下刀，割断连接关节的结缔组织、韧带及皮肉，割下前蹄放入指定的容器内。

6. 换轨

启动电葫芦，用两个管轨滚轮吊钩分别钩住羊的两只后腿跗关节处，将羊屠体平稳送到管轨上。

7. 扯（撕）皮

用锁链锁紧羊后腿皮，启动扯皮机由上到下运动，将羊皮卷撕。要求皮上不带腰，不带肉，皮张不破。扯到尾部时，减慢速度，用刀将羊尾的根部剥开。扯皮机均匀向下运动，边扯边用刀剁皮与脂肪、皮与肉的连接处。扯到腰部时适当增加速度。扯到头部时，把不易扯开的地方用刀剥开。扯完皮后将扯皮机复位。

（六）割羊头

用刀在羊脖一侧割开一个手掌宽的孔，将左手伸进孔中抓住羊头。沿放血刀口处割下羊头，挂同步检验轨道。冲洗羊屠体。

（七）开胸、结扎食管

从胸软骨处下刀，沿胸中线向下贴着气管和食管边缘，锯开胸腔及脖部。剥离气管和食管，将气管与食管分离至食道和胃结合部。将食管顶部结扎牢固，使内容物不流出。

（八）取白内脏

从羊的裆部下刀向两侧进刀，割开肉至骨连接处。刀尖向外，刀刃向下，由上向下推刀割开肚皮至胸软骨处。用左手扯出直肠，右手持刀伸入腹腔，从左到右割离腹腔内结缔组织。用刀按下羊肚，取出胃肠送入同步检验盘，然后除净腰油。

（九）取红内脏

左手抓住腹肌一边，右手持刀沿体腔壁从左到右割离横膈肌，割断连接的结缔组织，留下小里脊。取出心、肝、肺，挂到同步检验轨道。割开羊肾的外膜，取出肾并挂到同步检验轨道。冲洗胸腹腔。

（十）劈半

沿羊尾根关节处割下羊尾，放入指定容器内。将劈半锯插入羊的两腿之间，从耻骨连接处下锯，从上到下匀速地沿羊的脊柱中线将胴体劈成二分体，要求不得劈斜、断骨，应露出骨髓。

（十一）胴体修整

取出骨髓、腰油放入指定容器内。一手拿镊子，一手持刀，用镊子夹住所要修割的部位，修去胴体表面的淤血、淋巴、污物和浮毛等不洁物，注意保持肌膜和胴体的完整。

（十二）冲洗

用32℃左右温水，由上到下冲洗整个胴体内侧及锯口、刀口处。

（十三）检验

下货和胴体的检验按《肉品卫生检验试行规程》的规定

进行。

（十四）胴体预冷

将预冷间温度降到 0~4℃，推入胴体，胴体间距保持不少于 10 厘米。启动冷风机，使库温保持在 0~4℃，相对湿度保持在 85%~90%。预冷后检查胴体 pH 值及深层温度，符合要求进行剔骨、分割、包装。

（十五）烫毛

生产带毛羊肉应采用浸烫或松香拔毛法褪毛，严禁用氢氧化钠烧或其他导致肉品污染的方法褪毛。烫毛时的水温应随季节调整，夏季水温为 64℃ ±1℃，冬季水温为 68℃ ±1℃。机器褪毛后应修刮胴体的残毛。

第三节　羊肉的质量分级与安全标准

一、羊肉质量分级

大羊肉：屠宰 12 月龄以上并已换一对以上乳齿的羊获得的羊肉。

羔羊肉：屠宰 12 月龄以内、完全是乳齿的羊获得的羊肉。

肥羔肉：屠宰 4~6 月龄、经快速育肥的羊获得的羊肉。

胴体重：宰后去毛皮、头、蹄、尾、内脏及体腔内全部脂肪后，温度在 0~4℃，相对湿度在 80%~90%的条件下，静置 30 分钟的羊个体重量。

肥度：羊胴体或羊肉表层沉积脂肪厚度、分布状况与羊胴体或眼肉断面脂肪沉积呈现大理石花纹状态。

背膘厚：指第 12 根肋骨与第 13 根肋骨之间眼肌肉中心正上方脂肪的厚度。

肋肉厚：羊胴体第 12 与第 13 肋骨间，距背中线 11 厘米自然长度处胴体肉厚度。

肌肉发育程度：羊胴体各部位肌肉发育发达程度。

生理成熟度：羊胴体骨骼、软骨与肌肉生理发育成熟程度。

肉脂色泽：羊胴体或分割肉的瘦肉外部与断面色泽状态以及羊胴体或分割肉表层与内部沉积脂肪色泽状态。

肉脂硬度：羊胴体腿、背和侧腹部肌肉和脂肪的硬度。

二、质量检验

（一）胴体重量

宰后去毛皮、头、蹄、尾、内脏及体腔内全部脂肪后，温度在 0~4℃，相对湿度在 80%~90% 的条件下，静置 30 分钟的羊个体进行称重。

（二）肥度

胴体脂肪覆盖程度与肌肉内脂肪沉积程度采用目测法，背膘厚用仪器测量。

（三）肋肉厚

测量法。

（四）肉脂硬度、肌肉饱满度、生理成熟度、肉脂色泽

采用感官评定法。

三、标志、包装、储存、运输

（一）标志

内包装标志符合 GB 7718-2011《预包装食品标签通则》的规定，外包装标志应符合 GB/T 191-2008《包装储运图示标

志》和 GB/T 6388-1986《运输包装收发货标志》的规定。

（二）包装

包装材料应符合 GB/T 4456-2008《包装用聚乙烯吹塑薄膜》和 GB 9687-1988《食品包装用聚乙烯成型品卫生标准》的规定。

（三）储存

鲜羊肉在 0~4℃储存，冻羊肉在-18℃储存，库温一昼夜升降幅度不超过 1℃。

（四）运输

应有符合卫生要求的专用冷藏车和保温车（船），不应和对产品造成污染的物品混装，运输过程中产品的温度保持在 1℃以下（表 9-1）。

表 9-1 羊肉质量分级表

项目	大羊肉			
	特等级	优等级	良好级	可用级
胴体重	>25 千克	22~25 千克	19~22 千克	16~19 千克
肥度	背膘厚度 0.8~1.2 厘米，腿肩背部脂肪丰富、肌肉不显露，大理石花纹丰富	背膘厚度 0.5~0.8 厘米，腿肩背部覆盖有脂肪，腿部肌肉略显露，大理石花纹明显	背膘厚度 0.3~0.5 厘米，腿肩背部覆有薄层脂肪，腿肩部肌肉略显露，大理石花纹略显	背膘厚度每 0.3 厘米，腿肩背部脂肪覆盖少、肌肉显露，无大理石花纹
肋肉厚	≥14 毫米	9~14 毫米	4~9 毫米	0~4 毫米
肉脂硬度	脂肪和肌肉硬实	脂肪和肌肉较硬实	脂肪和肌肉略软	脂肪和肌肉软
肌肉发育程度	全身骨骼不显露，腿部丰满充实、肌肉隆起明显，背部宽平，肩部宽厚充实	全身骨骼不显露，腿部较满充实、微有肌肉隆起，背部和肩部比较宽厚	肩隆部及颈部脊椎骨尖稍突出，腿部欠丰满、无肌肉隆起，背和肩稍窄、稍薄	肩隆部及颈部脊椎骨尖稍突出，腿部窄瘦、有凹陷，背和肩窄、薄

（续表）

项目	大羊肉			
	特等级	优等级	良好级	可用级
生理成熟度	前小腿至少有一个控制关节，肋骨宽、平	前小腿至少有一个控制关节，肋骨宽、平	前小腿至少有一个控制关节，肋骨宽、平	前小腿至少有一个控制关节，肋骨宽、平
肉脂色泽	肌肉颜色深红，脂肪乳白色	肌肉颜色深红，脂肪白色	肌肉颜色深红，脂肪浅黄色	肌肉颜色深红，脂肪黄色

项目	羔羊肉			
	特等级	优等级	良好级	可用级
胴体重	>18 千克	15~18 千克	12~15 千克	9~12 千克
肥度	背膘厚度 0.5 厘米以上，腿肩背部覆盖有脂肪，腿部肌肉略显露，大理石花纹明显	背膘厚度 0.3~0.5 厘米，腿肩背部覆盖有薄层脂肪，腿部肌肉略显露，大理石花纹略显	背膘厚度 0.3 厘米以下，腿肩背部脂肪覆盖少，肌肉显露，无大理石花纹	背膘厚度 ≤0.3 厘米，腿肩部脂肪覆盖少、肌肉显露，无大理石花纹
肋肉厚	≥14 毫米	9~14 毫米	4~9 毫米	0~4 毫米
肉脂硬度	脂肪和肌肉硬实	脂肪和肌肉较硬实	脂肪和肌肉略软	脂肪和肌肉软
肌肉发育程度	全身骨骼不显露，腿部丰满充实、肌肉隆起明显，背部宽平，肩部宽厚充实	全身骨骼不显露，腿部较丰满充实、微有肌肉隆起，背部和肩部比较宽厚	肩隆部及颈部脊椎骨尖稍突出，腿部欠丰满、无肌肉隆起，背和肩稍窄、稍薄	肩隆部及颈部脊椎骨尖稍突出，腿部窄瘦、有凹陷，背和肩窄、薄
生理成熟度	前小腿折裂关节；折裂关节湿润、颜色鲜红；肋骨略圆	前小腿可能有控制关节或折裂关节，肋骨略宽、平	前小腿可能有控制关节或折裂关节，肋骨略宽、平	前小腿可能有控制关节或折裂关节，肋骨略宽、平
肉脂色泽	肌肉颜色深红，脂肪乳白色	肌肉颜色深红，脂肪白色	肌肉颜色深红，脂肪浅黄色	肌肉颜色深红，脂肪黄色

（续表）

项目	肥羔肉			
	特等级	优等级	良好级	可用级
胴体重	>16千克	13~16千克	10~13千克	7~10千克
肥度	眼肌大理石花纹略显	无大理石花纹	无大理石花纹	无大理石花纹
肋肉厚	≥14毫米	9~14毫米	4~9毫米	0~4毫米
肉脂硬度	脂肪和肌肉硬实	脂肪和肌肉较硬实	脂肪和肌肉略软	脂肪和肌肉软
肌肉发育程度	全身骨骼不显露，腿部丰满充实、肌肉隆起明显，背部宽平，肩部宽厚充实	全身骨骼不显露，腿部较丰满充实、微有肌肉隆起，背部和肩部比较宽厚	肩隆部及颈部脊椎骨尖稍突出，腿部欠丰满、无肌肉隆起，背和肩稍窄、稍薄	肩隆部及颈部脊椎骨尖稍突出，腿部窄瘦、有凹陷，背和肩窄、薄
生理成熟度	前小腿折裂关节；折裂关节湿润、颜色鲜红；肋骨略圆	前小腿折裂关节；折裂关节湿润、颜色鲜红；肋骨略圆	前小腿折裂关节；折裂关节湿润、颜色鲜红；肋骨略圆	前小腿折裂关节；折裂关节湿润、颜色鲜红；肋骨略圆
肉脂色泽	肌肉颜色深红，脂肪乳白色	肌肉颜色深红，脂肪白色	肌肉颜色深红，脂肪浅黄色	肌肉颜色深红，脂肪黄色

第十章　肉羊规模化生态养殖场经营管理

第一节　生态肉羊规模化养殖的生产管理

一、肉羊生产的管理

（一）肉羊场的计划管理

1. 肉羊场的生产计划

肉羊场的生产计划主要是配种分娩计划和羊群周转计划。我国肉羊生产的方式主要是适度规模农区型和中等规模的牧区型，集约化的肉羊生产较少。分娩时间的安排既要考虑气候条件，又要考虑牧草生长状况，最常见的是产冬羔（即在11—12月分娩）和产春羔（即在3—4月分娩）。产冬羔的优点是母羊体质好，受胎率和产羔率较高，可以减少流产和疾病，羔羊可以避免春季气候多变的影响，断奶后能够充分利用青草季节，到枯草期时已达到育肥标准，可实行当年屠宰。产春羔的优点是气温转暖，母羊可以在羊圈中分娩，在剪毛时已分娩完毕，并随后进入夏季草场，对喂养羔羊有利，但春季气候变化剧烈，特别是北方时常有大风、寒雨和降雪，易使体弱羔羊死亡，当年羔羊如屠宰利用时需要进行强度育肥，方可达到育肥标准。母羊的分娩一般应在40~50天内结束，故配种也应集中在40~50天内完成。分娩集中，有利于安排育肥计划。在编制羊群配种分娩计划和周转计划时，必须掌握以下情况：

一是计划年初羊群各组羊的实有羊只数。

二是去年交配、今年分娩的母羊数。

三是计划年生产任务的各项主要措施。

四是本场确定的母羊受胎率、产羔率和繁殖成活率等。

五是根据以上材料编制出羊群周转计划表和配种分娩计划表。

2. 羊肉、羊皮生产计划

羊肉、羊皮生产计划是指一个年度内肉羊场羊肉、羊皮生产所作的预先安排，它反映了肉羊场的全年生产任务、生产技术与经营管理水平及产品率状况，并为编制销售计划、财务计划等提供依据。肉羊场以生产羊肉为主，羊皮也是重要的收入来源，其羊肉、羊皮生产计划的制订是根据羊群周转计划和育肥羊只的单产水平进行的。编制好这个计划，关键在于订好育肥羊的单产指标，常以近三年的实际产量为重要依据，也就是在分析羊群质量、群体结构、技术提高状况、管理办法、改进配种分娩计划、饲料保证程度、人力与设备情况等内容的基础上，结合本年度确定的计划任务与要求来决定，其中羊群的质量状况、饲料保证程度和新技术的应用等，对此计划起着决定性的作用。

3. 饲料生产和供应计划

饲料生产和供应计划是一个日历年度内对饲料生产和供应所作的预先安排。为了保证肉羊饲养场羊肉、羊皮生产计划的完成，应充分利用羊场的有限土地，种植适合肉羊生产需要土地最适宜的优质高产的青粗饲料，以使所种植的饲料获得最高产量和最多的营养物质。饲料生产计划是饲料计划中最主要的计划，它反映了饲料供应的保证程度，也直接影响肉羊的正常生长发育和畜产品产量的提高。因此，肉羊场对饲料的生产、采集、加工、贮存和供应必须有一套有效的计划做保证。饲料的供应计划主要包括制定饲料定额、各种羊只的日粮标准、饲粮的留用和管理、青饲料生产和供应的组织、饲料的采购与贮存以及饲料加工配合等。为保证此计划的完成，各项工作和各个环节都应制度化，做到有章可循、按章办事。

4. 羊群发展计划

当制定羊群发展规划或育种计划时，需要根据本年度和本单位历年的繁殖淘汰情况和实际生产水平，对羊场今后的发展进行科学的估算。其基本公式是：$M_n = M_{n-1}(1-Q) + M_{n-2}P$。式中，M 代表繁殖母羊数（以每年配种时的母羊存栏数为准）；Q 代表繁殖母羊每年的死亡淘汰率（通常为死亡率、病废淘汰率和老年淘汰率三者之和）；P 代表繁殖母羊的增添率（通常为繁殖存活率、母羔比例、育成母羊育成率和母羊留种率四者之积）；Mn 代表 n 年后的繁殖母羊数，M_{n-1} 和 M_{n-2} 分别代表前一年和前两年的繁殖母羊数。例如，假定某肉羊场每年母羊的死亡率为 2%、病废淘汰率为 3%，老年淘汰率为 10%，历年繁殖存活率为 100%，其中母羔为 50%，育成母羊育成率为 97%，留种率为 80%。则根据公式可算出：Q 为 0.15，P 为 0.388，代入公式即可算出以 1 000 只繁殖母羊为基础时，1~10 年的繁殖母羊发展数量分别为 850、1 111、1 274、1 514、1 781、2 101、2 477、2 920、3 443、4 060 只，当年生羔羊的母羊数为 776、737、1 002、1 238、1 564、1 966、2 475、2 867、3 397 和 3 999 只。同时，也可由此值推算出每年所应有的育肥羊只数，结合育肥效果和育肥标准，亦可算出每年能够出栏的标准育肥羊数。当然，应注意肉羊的发展计划只是个参考值，是否要达到此数量要考虑本场的饲料、设施、技术水平等条件，此外，公式中各种参数的变化及生产水平的提高或降低，都会影响推算值的高低。

5. 羊场疫病防控计划

羊场疫病防控计划是指一个年度内对羊群疫病防治所作的预先安排。肉羊的疫病防治是保证肉羊生产效益的重要条件，也是实现生产计划的基本保证。此计划也可以纳入到技术管理内容中。疫病防治工作的方针是"预防为主、防治结合"。为此要建立一套综合性的防疫措施和制度，其内容包括羊群的定期检查、羊舍消毒、各种疫苗的定期注射、病羊的治疗与隔离等。对各项疫病防治制度要严格执行，定期检查以求实效。

（二）肉羊场的劳动管理

肉羊饲养场的劳动组织和管理一般是根据分群饲养的原则，建立相应的羊群饲养作业组，如种公羊作业组、成年母羊作业组、羔羊作业组等。每个组安排 1~2 名负责人，每个饲养员或放牧员都要分群固定，负责一定只数的饲养管理工作。其好处是：分工细，人畜固定，责任明确，便于熟悉羊群情况，能有效地提高饲养管理水平。每个饲养管理人员的劳动定额，可根据羊群规模、机械化程度、饲养条件及季节的不同而有所差别。例如，在牧区条件下，劳动定额是：成年母羊 200 只，育成母羊 250 只，育肥羔羊或去势羊 350 只；而在农区条件则分别为 50~100 只、100~150 只和 200~250 只。在肉羊场的劳动管理上还要建立生产责任制（即岗位责任制），它对于充分调动每个单位、每个成员工作的积极性，做到责、权、利分明，以及提高生产水平和劳动生产率，都是非常有利的。

二、肉羊生产的技术指标

生产技术指标是反映生产技术水平的量化指标。通过对生产技术指标的计算分析，可以反映出生产技术措施的效果，以便不断总结经验，改进工作，进一步提高肉羊生产技术水平。

（一）受配率

表示本年度内参加配种的母羊数占羊群内适龄繁殖母羊数的百分率。主要反映羊群内适龄繁殖母羊的发情和配种情况。

受配率（%）＝配种母羊数/适龄母羊数×100 受配率（%）＝配种母羊数/适龄母羊数×100

（二）受胎率

指本年度受胎母羊数占参加配种母羊的百分率。受胎率又分为总受胎率和情期受胎率两种。

1. 总受胎率

指本年度受胎母羊数占参加配种母羊的百分率。反映母羊群受胎母羊的比例。总受胎率计算公式为：

总受胎率（%）＝受胎母羊数/配种母羊数×100

2. 情期受胎率

指在一定期限（一个情期）内受胎母羊数占本期内参加配种的发情母羊的百分率。反映母羊发情周期的配种质量。

情期受胎率（%）＝受胎母羊数/情期配种数×100

（三）产羔率

指产羔数占产羔母羊的百分率。反映母羊的妊娠和产羔情况。

产羔率（%）＝产羔羊数/产羔母羊数×100

（四）羔羊成活率

指在本年度内断奶成活的羔羊数占出生羔羊数的百分率。反映羔羊的抚育水平。

羔羊成活率（%）＝成活羔羊数/出生羔羊数×100

（五）繁殖成活率

指本年度内断奶成活的羔羊数占适龄繁殖母羊数的百分率。反映母羊的繁殖和羔羊的抚育水平。

繁殖成活率（%）= 断奶成活羔羊数/适龄繁殖母羊数×100

（六）肉羊出栏率

指当年肉羊出栏数占年初存栏数的百分率。反映肉羊生产水

平和羊群周转速度。计算公式为：

肉羊出栏率（%）= 年内出栏率（%）= 年度内肉羊出栏数/年初肉羊存栏数×100

（七）增重速度

指一定饲养期内肉羊体重的增加量。反映肉羊育肥增重效果。一般以平均日增重表示（克/日），计算公式为：

增重速度（克/日）= 一定饲养期内肉羊增重/饲养天数

（八）饲料报酬

指投入单位饲料所获得的畜产品的量。反映饲料的饲喂效果。

第二节 生态肉羊规模化养殖的经济核算

一、总成本及经营成本估算

（一）单位生产成本估算

1. 饲料成本

繁殖种羊饲料成本为 1.15～1.30 元·天，年饲料成本为

500 元·只，防疫及繁殖 100 元·只。1 000 只羊合计 60 万元。育肥羊每只羊饲喂成本为 200 元，2 000 只为 40 万元。

2. 工资及福利费

全部人员 10 人，年均工资 1 万元/人，合计 20 万元。

3. 水、电费

2 万元年。

4. 折旧等其他费用

16 万元/年。

合计总成本 138 万元。

（二）年纯利润

每年实现利润为 210 万元（销售收入）−138 万元（总成本）= 72 万元。

二、中小规模养羊的盈利关键

养羊是否盈利，养羊如何实现盈利是所有从事养羊和相关行业的人员所关心的话题。养羊主要有种羊养殖和异地育肥两类，种羊养殖主要是自己饲养种羊，将羔羊直接作为种羊销售或育肥后作为肉羊出售；异地育肥主要是从不同其他地方收购羊，经过短期育肥后出售。

养种羊盈利，这是肯定的话题，关键取决于两个方面。一是如何降低成本，尤其是饲料成本；二是如何提高繁殖率，即产羔率和羔羊成活率，计算如下：

养羊效益（只）= 羔羊销售价格（按市场羊肉计算）×年产羔羊数量−饲养管理成本（母羊饲料饲养管理成本+羔羊饲料饲养管理成本×年产羔羊数量）。

（一）降低成本投入是实现养种羊盈利的前提

低成本饲料投入并不意味着低的生产性能，采用全混合日粮加益生菌方式饲喂。全混合日粮必须要对各种饲料原料科学搭配，合理加工。全混合日粮精饲料和粗饲料比例要控制在1:（2.3~4）之间，育肥羊精饲料比例可适当提高。绵羊全混合日粮水分尽量控制在50%±5%，即全混合日粮的干物质含量在50%±5%。山羊全混合日粮水分尽量控制在42%±3%，即全混合日粮的干物质含量在58%±3%。另外，一定要补充好羊专用预混合饲料。

（二）增加年产羔数和羔羊成活率，是实现养种羊盈利的基础

第一，要结合当地的资源、环境条件等，选择适宜的品种。例如，小尾寒羊作为世界上繁殖率最高的品种，在河南省大部分地区均有饲养，对河南省的资源、环境条件等均有其他品种无法相比的适应性，可以说是基础母羊的首选，小尾寒羊作为基础母羊在河南省年产羔数均达到了3只。

肉羊品种效益指数是指1只母羊1年能带来的效益，即肉羊品种效益指数＝（繁殖率×增重系数+肉质指数）×校正系数（n）。校正系数主要是结合当地饲料原料成本等计算。

第二，要科学合理地设计羊舍。部分养羊者未设运动场，认为有些品种的羊不需要运动场就可以饲养。实际上，羊场的光照是必需的，在缺乏光照的情况下，羊的繁殖率会下降。

第三，充分利用现代繁殖技术，尤其是人工授精技术。羊的人工授精技术相对自然交配来讲，不仅可以少养公羊，也确保了精液的品质，从而提高了受配率和受胎率，另外，通过同期发情技术和早期妊娠诊断均能提高繁殖率。

参考文献

黄明睿，朱满兴，王锋 . 2019. 肉羊标准化高效养殖关键技术 ［M］. 南京：江苏凤凰科学技术出版社.

姜勋平，韩燕国，聂彬 . 2018. 肉羊高效繁育实用新技术 ［M］. 北京：中国农业科学技术出版社.

刘辉，李国庆 . 2018. 肉羊规模化养殖环境质量控制 ［M］. 北京：中国农业科学技术出版社.

罗生金 . 2018. 肉羊高效健康养殖必备技术 ［M］. 北京：中国农业科学技术出版社.

尹洛蓉 . 2018. 肉羊养殖技术200问 ［M］. 北京：中国农业大学出版社.